中华饮食
文化丛书

苏菜

新东方烹饪教育 组编

中国人民大学出版社
·北京·

图书在版编目（CIP）数据

苏菜 / 新东方烹饪教育组编. -- 北京 : 中国人民大学出版社，2025. 6. -- ISBN 978-7-300-33745-6

I. TS972.182.53

中国国家版本馆 CIP 数据核字第 2025CK6785 号

中华饮食文化丛书

苏菜

新东方烹饪教育　组编

Sucai

出版发行	中国人民大学出版社		
社　　址	北京中关村大街 31 号	邮政编码	100080
电　　话	010－62511242（总编室）		010－62511770（质管部）
	010－82501766（邮购部）		010－62514148（门市部）
	010－62511173（发行公司）		010－62515275（盗版举报）
网　　址	http://www.crup.com.cn		
经　　销	新华书店		
印　　刷	北京瑞禾彩色印刷有限公司		
开　　本	787 mm × 1092 mm　1/16	版　　次	2025 年 6 月第 1 版
印　　张	14	印　　次	2025 年 11 月第 2 次印刷
字　　数	230 000	定　　价	52.00 元

编写委员会

前言

苏
SUCAI
菜

PREFACE

江苏得天独厚的自然环境与深厚的文化底蕴孕育了中国八大菜系之一：苏菜。从春秋时期吴地饮食初现雏形，到明清时期宫廷宴席上的“满汉全席”中苏菜大放异彩，再到如今蜚声中外，苏菜的发展历程恰似一幅徐徐展开的江南长卷，承载着千年的历史与人文记忆。

苏菜的形成与江苏的地理、气候、物产密不可分。河网密布、湖泊众多，丰富的水产资源为苏菜提供了鲜美的食材；苏北平原沃野千里，粮食、禽畜产量丰盈；苏南地区四季分明，果蔬时鲜应季而生。加之南北文化在此交融碰撞，使得苏菜既吸纳了北方烹饪的粗犷豪迈，又融合了南方饮食的精致细腻，逐渐形成了淮扬、金陵、苏锡、徐海四大分支。

苏菜以“清鲜平和、浓醇兼备，咸甜适中、南北皆宜”为显著特点。淮扬菜讲究刀工精细，注重炖焖，菜品文思豆腐，刀工出神入化，汤汁醇厚鲜美；金陵菜口味醇和，善用炖、烤、焖，盐水鸭、金陵素什锦，咸香爽口，透着质朴大气；苏锡菜口味偏甜，擅长炖、焖、煨，松鼠鳜鱼等菜品色泽红亮，甜咸交织，尽显江南的婉约风情；徐海菜则受北方饮食影响，口味浓重，以鲜咸为主，地锅鸡等菜品豪迈奔放，充满乡土气息。

本书的特色在于全面性、专业性与实用性的结合。在内容编排上，不仅深入挖掘苏菜的历史渊源、文化内涵，还追溯经典菜肴背后的故事与典故，展现苏菜体系的完整风貌。在烹饪技法上，书中对每一道菜的食材选择、制作步骤都进行了细致的讲解，配以清晰的步骤图和操作视频，无论是专业学习者还是烹饪爱好者，都能从中学习到正宗苏菜的制作精髓。

编写本书，旨在为苏菜文化的传承与发展贡献一份力量。我们希望通过这本书，让更多人了解苏菜的历史与魅力，掌握苏菜的烹饪技艺，将这份凝聚着江苏人民智慧与情感的饮食文化传承下去。同时，也希望能为餐饮从业者、美食研究者以及热爱烹饪的读者提供一本实用且有价值的参考书籍，共同推动苏菜在国内外的传播与发展，让苏菜绽放出更加绚丽的光彩。

目录

苏 SUCAI 菜

CONTENTS

话说苏菜 …… 1

凉菜

1. 苏式酱鸭 …… 8
2. 五香爆鱼 …… 10
3. 桂花糖藕 …… 12
4. 苏式酱牛肉 …… 14
5. 红酒雪梨配糖醋小排 …… 16
6. 糟香鸭舌 …… 18
7. 南京盐水鸭 …… 20
8. 水晶肴肉 …… 22
9. 苏式葱油蚕豆 …… 24
10. 苏式酱萝卜 …… 26

热菜

传统经典菜

11. 无锡酱排骨 …… 30
12. 蒜烧马鞍桥 …… 32
13. 罗汉斋 …… 34

14. 西露蹄筋……36
15. 白袍虾仁……38
16. 平桥豆腐羹……40
17. 酱汁肉……42
18. 三件子……44
19. 腌笃鲜……46
20. 荠菜冬笋……48
21. 茅台醇香六月黄……50
22. 罗汉上素……52
23. 泊隐太湖白什盘……54
24. 苏式玫瑰小方糕……56
25. 三虾二面黄……58
26. 太湖银鱼滑蛋……60
27. 无锡鳝鱼煲……62
28. 惠山一锅鲜……64
29. 苏北地锅鸡……66
30. 金牌樱桃肉……68
31. 乾隆九丝汤……70
32. 镜箱豆腐……72
33. 三虾冬瓜……74
34. 蟹粉烩鱼肚……76
35. 八宝葫芦鸭……78
36. 江中鲜……80
37. 无锡脆鳝……82
38. 荷塘小炒……84
39. 文思豆腐羹……86
40. 芦蒿烤鸭卷……88
41. 麻香凤尾虾……90
42. 石锅蚌肉老豆腐……92
43. 白玉烩仔乌……94

代表名菜

44. 孔雀西沙芋……98
45. 金丝虾配油条……100
46. 锦绣鳜鱼丝……102
47. 双黄豆腐……104
48. 双色鱼圆……106
49. 彩色鱼夹……108
50. 清风三虾……110
51. 水乡扣肉……112
52. 三白狮子头……114
53. 黄焖鳗……116
54. 荷香红菱鳜鱼……118
55. 茭白南风蒸黄颡鱼……120
56. 鹅掌裙边……122
57. 香煎刀鱼馄饨……124

58. 传统秘制桂花虎皮肉 …… 126
59. 南乳焖河鳗 …… 128
60. 香椿头煎鸭蛋 …… 130
61. 灯影斜塘藕片 …… 132
62. 蟹粉三丝莼菜羹 …… 134
63. 脆皮粉蒸肉 …… 136
64. 彭祖脆皮鸡 …… 138
65. 落地飘香藕 …… 140
66. 扬州香草鸡 …… 142
67. 红烧鹅爪翅 …… 144
68. 青苹果八宝饭 …… 146
69. 百叶包肉 …… 148
70. 酱麻油水芹 …… 150
71. 品客芙蓉蟹 …… 152
72. 老鸡汤珍菌炖千张 …… 154
73. 咸蛋黄狮子头 …… 156
74. 上汤鸡汁螺蛳 …… 158
75. 金牌元宝虾 …… 160
76. 酥炸海鲜卷 …… 162
77. 孔雀牛肉 …… 164
78. 玉扇银鳕鱼 …… 166
79. 舌战群芳 …… 168
80. 荠菜鸭糊涂 …… 170
81. 江南一品鱼头皇 …… 172
82. 果香烩大虾 …… 174
83. 八宝油条 …… 176

酒店流行菜

84. 响油鳝丝 …… 180
85. 一品富贵鸡 …… 182
86. 饼子母油鸭 …… 184
87. 酒糟肉末蒸阳澄湖大闸蟹 …… 186
88. 香菇笋丁时令珍珠青团 …… 188
89. 煠紫盖 …… 190
90. 雪花蟹斗 …… 192
91. 沈万三肘子 …… 194
92. 碧螺春虾仁 …… 196
93. 过桥鱼片 …… 198
94. 松鼠鳜鱼 …… 200
95. 扬州老鹅煲 …… 202
96. 金陵双臭 …… 204
97. 清蒸鲥鱼 …… 206
98. 太湖三白 …… 208
99. 菊花鱼 …… 210
100. 阳澄湖双色虾 …… 212

话说苏菜

一、苏菜文化

江苏菜是中国八大菜系之一，简称苏菜。由于苏菜和浙菜相近，因此苏菜和浙菜被统称为江浙菜系。苏菜主要由金陵菜、淮扬菜、苏锡菜、徐海菜等地方菜组成。

金陵菜以南京菜为代表。金陵菜起源于先秦，隋唐已负盛名，至明清成流派，为苏菜的一个分支。金陵菜原料多以水产为主，注重鲜活，刀工精细，善用炖、焖、烤、煨等烹调方法，口味平和，鲜香酥嫩。菜品细致精美，格调高雅。

淮扬菜发源于扬州、淮安。淮扬菜以江湖河鲜为主料，以本味本色为上乘，以妙契众口为追求。淮扬菜始于春秋，兴于隋唐，盛于明清，素有“东南第一佳味，天下之至美”之美誉。淮扬菜注重刀工，刀法细腻，口味清淡。烹饪善用火候，擅长炖、焖、煨、焐、蒸、烧、炒，色彩鲜艳，清爽悦目，造型美观，别致新颖。著名菜肴有大煮干丝、水晶肴肉等。1949 年，中华人民共和国开国大典之后，在北京饭店举行的盛大国宴，史称“开国第一宴”，本场宴会的菜点烹调由北京饭店淮扬菜厨房承担。

苏锡菜源自苏州、无锡和常州，常用酒糟调味，擅长各类水产，口味偏甜。有时也将苏锡菜细分为苏帮菜、无锡菜和常州菜。其特点是和谐、适口、清雅，令人赏心悦目。苏锡菜在选料、色泽、火工、口味方面具有很大特色，如代表菜肴松鼠鳜鱼、母油鸭、响油鳝丝等，较为突出地反映苏南浓郁的风味。

徐海菜起源于秦汉时期。徐海菜口味鲜咸适度，习尚五辛，但用量不多，风格朴素，其菜品多醇正鲜嫩，取料广泛，讲究时鲜，“以鲜为主，五味兼蓄”，清而不薄，浓而不浊。成菜无论取料于何物，均注重“食疗、食补”作用，如代表菜肴地锅鸡、凤尾对虾等。

苏菜的特点与江苏独特的地理环境、人文环境、饮食习俗密切相关。江苏气候宜人的自然环境为苏菜提供了取之不尽、用之不竭的原料。江苏名目繁多的风俗礼仪、时节活动，也有力地促进了苏菜的形成和发展。民间宴席的丰富内容，为苏菜烹调技艺的发展奠定了坚实的基础。苏菜的形成与发展，凝聚了几千年来江苏人民勤劳的汗水与智慧，是江苏一份厚重而丰富的历史餐饮文化。

二、苏菜的特点

苏菜在中华美食版图上占据重要地位。它起源于长江中下游地区，集金陵、淮扬、苏锡、徐海四大风味之所长，形成了“清鲜平和、浓醇兼备、咸甜适中、南北皆宜”的鲜明特点。

在食材选取上，苏菜讲究“就地取材，时令为鲜”。江南河湖纵横、物产丰饶，鱼、虾、蟹、贝等河鲜是餐桌上的常客；春季的刀鱼、鲥鱼，夏日的莲藕、莼菜，秋季的大闸蟹，冬季的冬笋，无不遵循自然时序，确保食材本味。

在烹饪技法上，苏菜擅长炖、焖、蒸、烧、炒，尤其注重火候把控。如文火慢炖的腌笃鲜，让咸肉、鲜肉与春笋的鲜味充分交融；清蒸鲥鱼以蒸汽锁住鱼肉鲜嫩，原汁原味尽显。刀工亦是苏菜一绝，蓑衣黄瓜、文思豆腐等菜品，将食材切成细若发丝、薄如蝉翼的形态，展现精湛技艺。

在口味风格上，苏菜追求清淡与醇厚的平衡。淮扬菜口味清鲜平和，盐水鸭咸香适度，软兜长鱼鲜嫩爽滑；苏锡菜偏甜，无锡酱排骨浓油赤酱、甜中带咸；徐海菜则接近北方风味，口味浓重，别具特色。这种多样化的口味，既能满足食客对清淡鲜美的追求，也能契合喜爱醇厚浓郁风味的需求。

在菜品造型上，苏菜注重美观雅致，常以天然食材巧妙搭配，赋予菜肴诗意美感。无论是宴席大菜还是家常小炒，苏菜都以精致的摆盘和巧妙的构思，让食客在品尝美味的同时，获得视觉与味觉的双重享受。

三、苏菜常用的烹调方法

苏菜擅长炖、焖、蒸、炒，重视调汤，保持菜的原汁，风味清鲜，浓而不腻，淡而不薄，酥松脱骨而不失其形，滑嫩爽脆而不失其味。

苏菜在烹制过程中多保持食材的天然味道，要求鱼虾有鱼虾味、家禽肉有家禽肉味、蔬菜有蔬菜味。所以苏菜多炖、烩、烧与煨，如炖生敲、拆烩鲢鱼头、文思豆腐羹、无锡酱排骨等。这些菜肴味道清爽鲜美、原味可口。

苏菜注重刀工，有“薄如蝉翼、细如发丝”之美称。而且一切刀功均围绕着“味”下功夫，通过刀功的技法，体现出原料的本味和质地。苏菜反对华而不实、矫揉造作，提倡原料的自然美并达到滋味沁深融透、成形自然大方、火候表里如一的效果。文思豆腐羹就是典型的一道名菜，它通过刀工、恰当的火候和芡汁的处理使菜品不仅滑爽可口而且让人赏心悦目。

四、传统经典菜

苏菜作为中国八大菜系之一，以江苏地区独特的地域特色和烹饪传统闻名。其传统经典菜肴体现了精湛的刀工和独特的调味技艺，并在食材选择上注重原料的新鲜和品质。无锡酱排骨、平桥豆腐羹、白袍虾仁、腌笃鲜等传统经典菜，更是将苏菜的特色展现得淋漓尽致。

无锡酱排骨精选猪肋排，以文火慢炖，使酱汁充分渗入肉质，成品色泽红亮，肉质酥烂，甜咸适中，酱香浓郁，口感软糯，甜而不腻。平桥豆腐羹将豆腐切成细丝，与配料一同入锅，加鸡汤炖煮，勾芡调味，羹汤浓稠鲜香，豆腐滑嫩爽口，多种食材的鲜味相互交融，令人回味无穷。白袍虾仁以鲜活河虾为主料，炒制过程火候精准，确保虾仁洁白如玉，口感鲜嫩弹牙，清淡爽口，最大限度地保留了河虾的原汁原味。腌笃鲜将咸肉的咸香、鲜肉的醇香与春笋的清甜完美融合，汤汁浓白鲜美，肉质酥烂，春笋脆嫩，层次丰富。这些经典苏菜，承载着江南的饮食文化，以独特风味征服了无数食客的味蕾。

五、酒店流行菜

酒店流行菜在苏菜中也占据着重要地位，其独特的风味和精湛的烹饪技艺常常能够吸引广大食客。苏菜以其精湛的刀工和独特的烹调技法而闻名，这些特点使得苏菜在高端酒店中备受推崇。苏菜注重食材的原汁原味，多采用河鲜和湖鲜烹饪，使得菜肴不仅口感独特而且健康营养美味，符合现代人追求健康饮食的需求，例如响油鳝丝、一品富贵鸡、碧螺春虾仁、太湖三白等。

凉菜

1. 苏式酱鸭

操作视频

准备材料

主料： 麻鸭 1 只

辅料： 葱 50 克、姜 50 克、八角 15 克、香叶 2 克、草果 3 克、桂皮 5 克、豆蔻 10 克、水 1500 克

调料： 黄酒 100 克、生抽 50 克、南乳汁 50 克、冰糖 100 克、海鲜酱 50 克、麦芽糖 120 克、红曲米 50 克、老抽 10 克、鸡精 50g

制作步骤

①

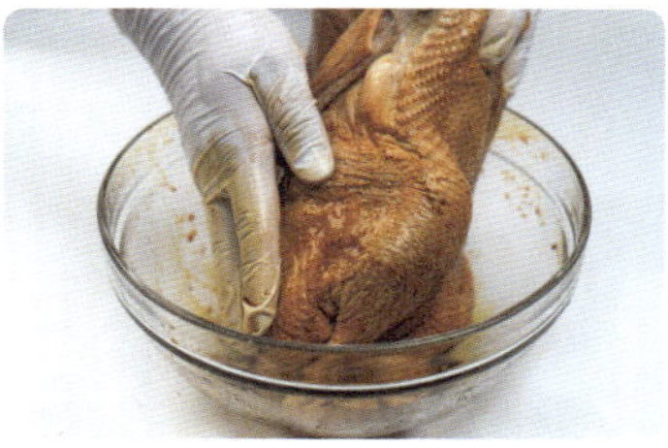

②

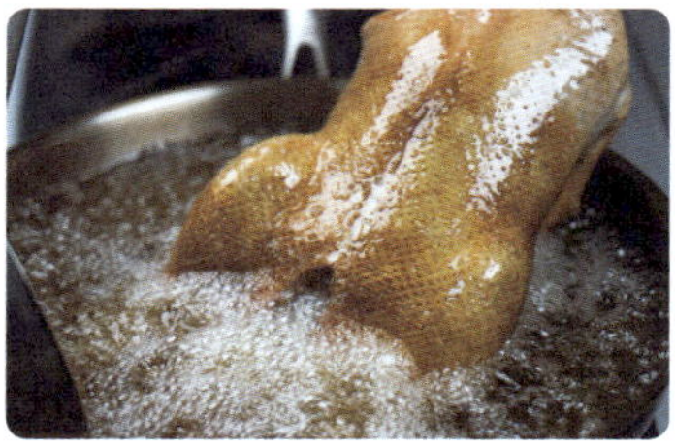

③

④

⑤

⑥

⑦

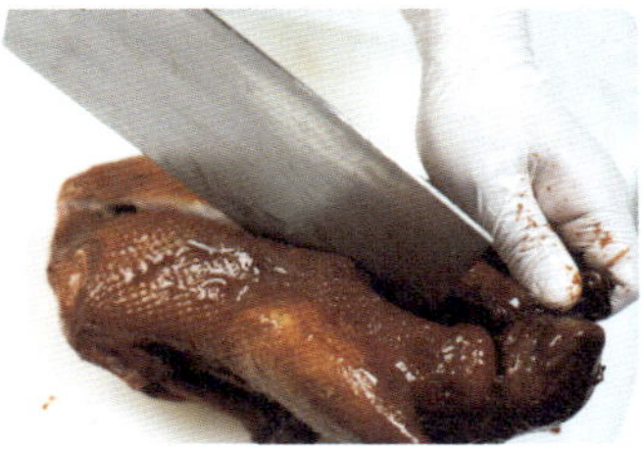

⑧

⑨

① 麻鸭宰杀洗净，葱制成葱结，生姜切片待用。

② 将宰杀洗净好的麻鸭表面用老抽涂抹均匀。

③ 锅中放宽油，油温烧至 7 成热后，将涂抹好老抽的麻鸭下入油锅炸至酱红色捞出待用。

④ 锅中放底油，放入葱结、姜片、八角、香叶、草果、桂皮、豆蔻煸香。

⑤ 在煸香好辅料的锅中放入水，再放入调料，大火烧开。

⑥ 锅中放入炸好的麻鸭，煮 45 分钟。

⑦ 大火收汁。

⑧ 冷却后改刀切块。

⑨ 装盘。

注意事项

1. 麻鸭涂抹老抽时要涂抹均匀上色。
2. 麻鸭在炸制时要掌控火候和油温。

2. 五香爆鱼

操作视频

准备材料

主料： 草鱼 1500 克
辅料： 八角 5 克、香叶 2 克、桂皮 3 克、干辣椒 8 克、姜片 10 克、葱段 10 克、水 300 克、色拉油 100 克
调料： 冰糖 100 克、盐 10 克、白糖 20 克、花雕酒 100 克、老抽 20 克、麦芽糖 100 克、生抽 50 克、酱油 40 克、五香粉 20 克、香醋 40 克

制作步骤

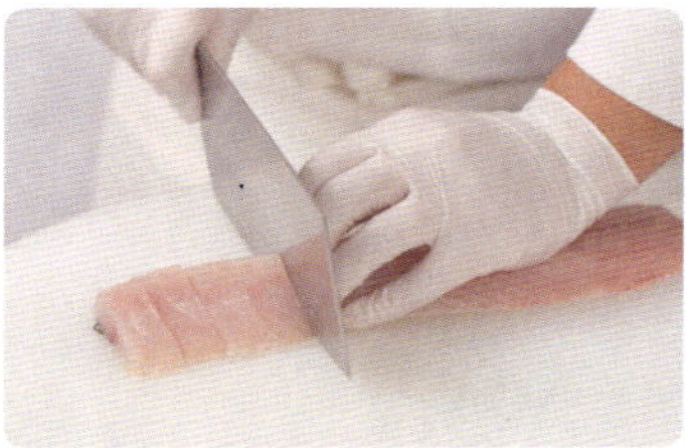
①

②

③

④

⑤

⑥

① 将草鱼清理干净，改刀取净肉为厚 3 厘米的块。
② 将草鱼块用葱段、姜片、花雕酒、盐、生抽进行腌制。
③ 锅中放宽油，油温烧制八成热后，下入腌制好的鱼块，炸至酥脆后捞出控油备用。
④ 锅中放少许油，放入葱、姜、八角、香叶、桂皮、干辣椒煸香。
⑤ 下入水、调料调制五香汁，把汁水熬制出香味后大火收至浓稠备用。
⑥ 将炸制好的鱼块放入五香料汁中浸泡 15 分钟入味，捞出装盘成菜。

注意事项

1. 草鱼要提前腌制去腥。
2. 草鱼在炸制的过程中要把控油温，防止松散、炸煳。

3. 桂花糖藕

操作视频

准备材料

主料： 藕 300 克
辅料： 糯米 50 克、水 600 克
调料： 冰糖 100 克、红糖 150 克、糖桂花 200 克

制作步骤

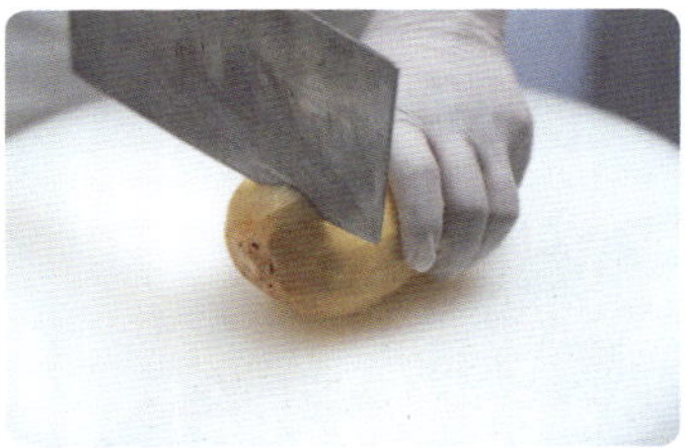
①

②

③

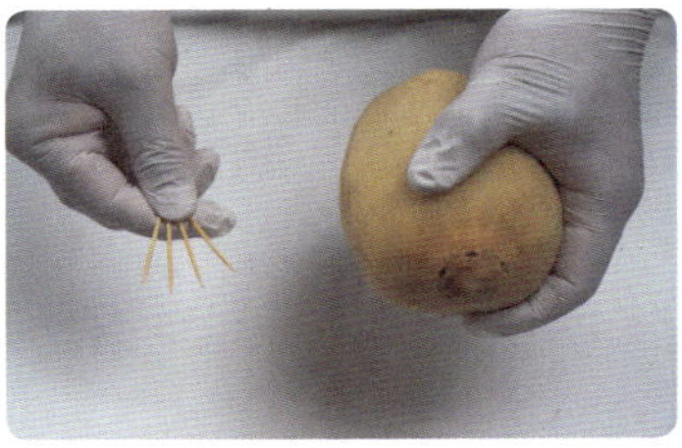
④

⑤

⑥

⑦

⑧

⑨

① 藕去皮清理干净，削去藕盖。
② 糯米浸泡 2 小时待用。
③ 将浸泡好的糯米灌入藕孔，灌至 8 分满。
④ 盖上藕盖，插入竹签固定。
⑤ 锅中放入水和调料搅拌均匀。
⑥ 放入藕，盖上锅盖焖 3 小时。
⑦ 汤汁大火收至浓稠。
⑧ 将冷却好的藕切成 1.5 厘米的厚片。
⑨ 装盘、淋上汤汁成菜。

注意事项

1. 清理藕时要把藕孔清洗干净，防止里面有淤泥。
2. 灌制糯米时不要灌满，防止糯米成熟时漏出。

4. 苏式酱牛肉

准备材料

主料： 牛腱子 500 克

辅料： 洋葱 50 克、京葱 50 克、姜 20 克、八角 6 克、干辣椒 12 克、香叶 4 克、桂皮 3 克、草果 8 克、豆蔻 5 克、水 2000 克

调料： 甜面酱 80 克、黄豆酱 60 克、冰糖 60 克、生抽 30 克、老抽 10 克、料酒 30 克、糖 20 克、排骨酱 40 克、胡椒粉 15 克

制作步骤

①

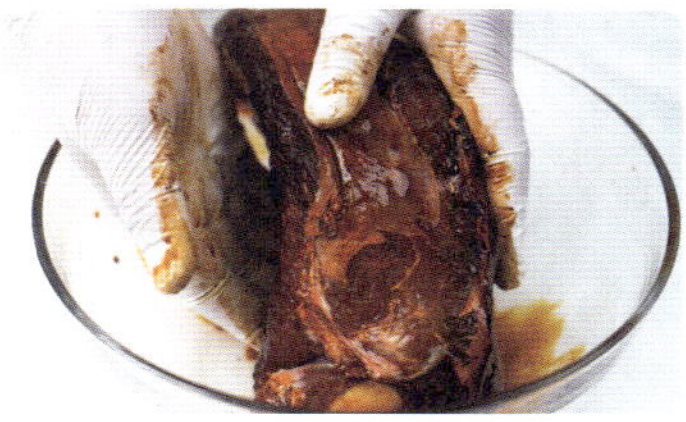

②

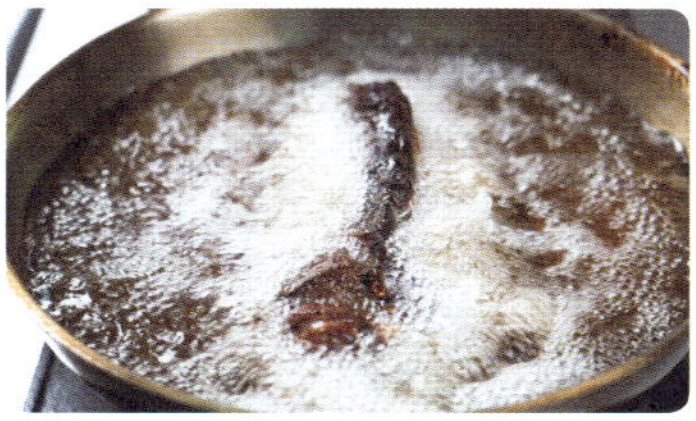

③

④

⑤

⑥

⑦

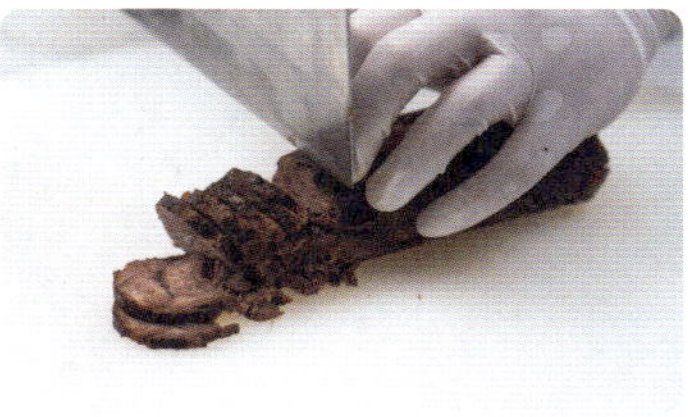

⑧

⑨

① 将主料清洗干净，洋葱切块，京葱切段，姜切片。

② 将清洗好的牛腱子表面涂抹少许老抽待用。

③ 锅中放宽油，油温烧至 7 成热，下入抹好老抽的牛腱子，炸至表面起壳捞出备用。

④ 锅中放底油，放入洋葱块、京葱段、姜片、甜面酱、黄豆酱、排骨酱煸香。

⑤ 放入八角、干辣椒、香叶、桂皮、草果、豆蔻、水、牛腱子，大火烧开后加入其他调料进行调味。

⑥ 调味后转小火焖烧 2 小时。

⑦ 将牛腱子捞出凉冷待用。

⑧ 改刀切片。

⑨ 点缀装盘。

注意事项

1. 牛腱子炸制时注意控制油温，不要炸煳。

2. 酱制牛腱子的时间要充足，要保证软烂、入味。

5. 红酒雪梨配糖醋小排

操作视频

准备材料

主料： 雪梨 100 克、猪小排 500 克

辅料： 生姜 10 克、小香葱 10 克、香叶 2 克、八角 2 克、桂皮 1 克、白芷 2 克

调料： 冰糖 125 克、凉白开 1000 克、红酒 125 克、红糖水 100 克、白醋 100 克、沙司 70 克、叉烧酱 15 克、排骨酱 10 克、冰花酸梅酱 10 克、大红浙醋 10 克、盐 2 克、香醋 10 克、老抽 2 克、色拉油 200 克

制作步骤

①

②

③

④

⑤

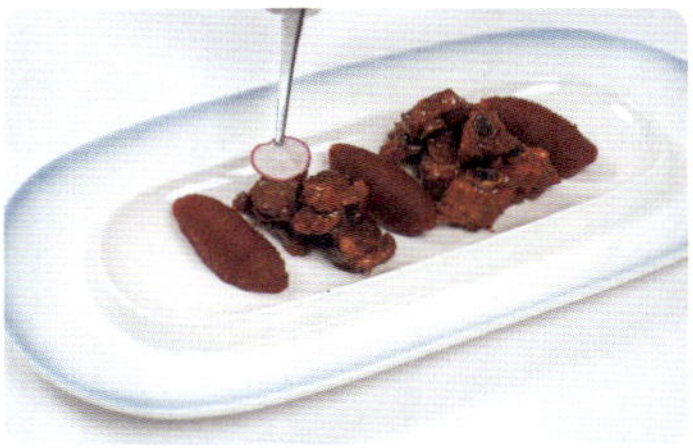

⑥

① 将雪梨改刀，加入水、冰糖煮制 5 分钟，加入红酒、红糖水、白醋浸泡入味待用。

② 将猪小排改刀切成块。

③ 锅中加入水后放入葱、姜，将排骨焯水捞出。

④ 锅中加入少许底油，放入姜、排骨，下入葱、姜、香叶、八角、桂皮、白芷煸香。

⑤ 放入沙司、水、叉烧酱、排骨酱、冰花酸梅酱、冰糖、大红浙醋、盐、老抽，炖制 40 分钟后加入香醋，大火收汁，排骨冷却待用。

⑥ 摆盘成菜。

注意事项

雪梨炖制时间不宜过长。

6. 糟香鸭舌

操作视频

准备材料

主料： 鸭舌 400 克

辅料： 花椒 10 克、八角 3 克、香叶 2 克、姜 20 克、葱段 25 克、柠檬 100 克

调料： 白糖 10 克、糟汁 50 克、料酒 20 克

制作步骤

①

②

③

④

⑤

⑥

① 将鸭舌去食管，洗净备用。

② 将姜切片，葱切段，柠檬切片。

③ 起锅烧水，冷水下入鸭舌，放入葱、姜、料酒、花椒、香叶、八角。

④ 煮出血沫，去除腥臊味，捞出放入冷水中洗净后放入碗中。

⑤ 碗中放入葱、柠檬、姜片、白糖、糟汁搅拌均匀，泡制 6 小时后捞出。

⑥ 装盘。

注意事项

1. 要选用肥美的鸭舌。
2. 要保证鸭舌泡制的时长。

7. 南京盐水鸭

早在春秋战国时期，南京即有“筑地养鸭”的记载。南京素以喜鸭而闻名，其品种之多、数量之大、传播之广，为中国之最，故南京有“金陵鸭肴甲天下”之赞。在盐水鸭中，最出名的便是桂花鸭，据《白门食谱》记载：“金陵八月时期，盐水鸭最著名，人人以为肉内有桂花香也。”

操作视频

准备材料

主料： 麻鸭 1500 克
辅料： 花椒 10 克、八角 4 克、香叶 3 克、姜 20 克、葱 25 克、小茴香 2 克
调料： 盐 300 克、料酒 50 克

制作步骤

①

②

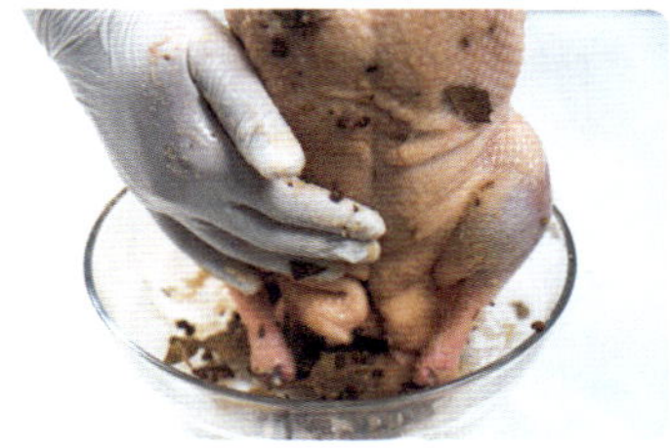
③

④

⑤

⑥

① 将麻鸭的细毛清洗干净，去除多余油脂。
② 锅上火，下入盐、花椒、八角、香叶和小茴香，炒至出香味，制作花椒盐，冷却备用。
③ 将花椒盐均匀地涂抹在鸭子里外，腌制 4 小时后用清水浸泡 2 小时后洗净捞出。
④ 起锅烧水，水沸下入葱、姜、料酒，下入鸭子，煮制 1 小时后捞出冷凉备用。
⑤ 将鸭子斩成所需形状。
⑥ 装盘。

注意事项

1. 一定要选用鲜活的鸭子。
2. 盐水鸭煮制时要控制火候。

8. 水晶肴肉

操作视频

准备材料

主料： 猪蹄膀 1250 克
辅料： 葱段 20 克、姜片 20 克、花椒 5 克、香叶 3 克、八角 5 克
调料： 盐 100 克、黄酒 30 克

制作步骤

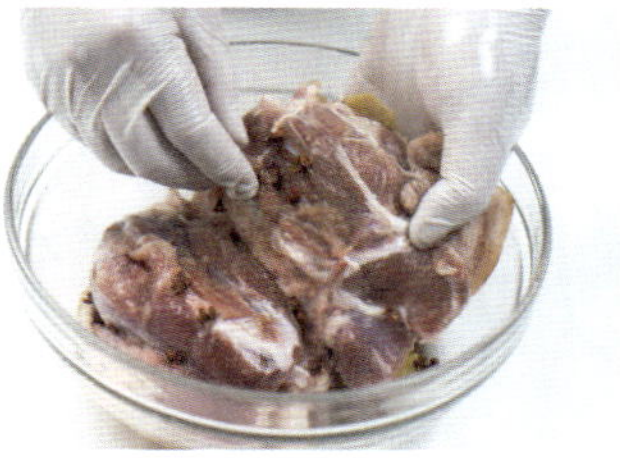

①

②

③

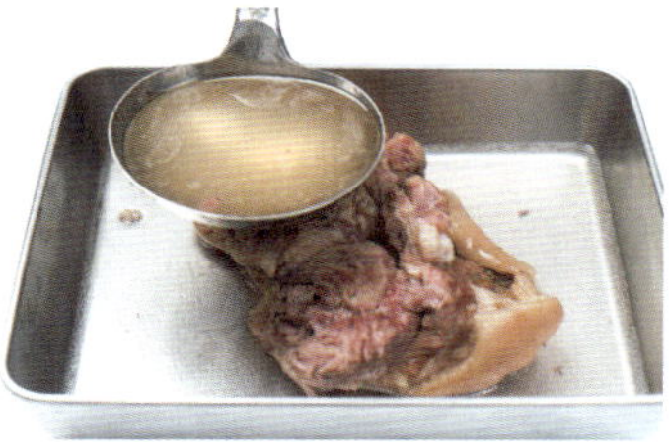

④

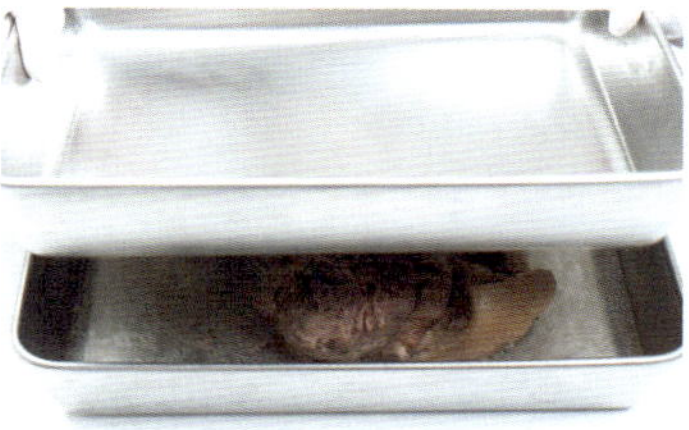

⑤

⑥

① 将猪蹄膀去骨后清洗干净，用花椒、盐、黄酒、姜和葱段揉搓后腌制 2 小时。
② 起锅烧水，放入葱、姜、香叶、八角、黄酒煮开。
③ 将猪蹄膀清洗干净后入锅，小火煮制 2 小时。
④ 捞出放入模具中后，盛出少量卤汁，撇去浮油，浇在蹄膀上。
⑤ 用重物压实，冷透后即可形成肴肉。
⑥ 切片装盘点缀。

注意事项

1. 把控猪肉煮制时间。
2. 杂质一定要清洗干净。

9. 苏式葱油蚕豆

操作视频

准备材料

主料： 蚕豆 500 克
辅料： 小香葱 100 克、八角 15 克
调料： 盐 50 克、白糖 20 克、小苏打 10 克、水 1000 克、色拉油 100 克

制作步骤

①

②

③

④

⑤

⑥

① 蚕豆洗净备用，小香葱切末。
② 锅中放水，加入盐、小苏打。
③ 水烧开后放入蚕豆，煮制 5 分钟，捞出冷却。
④ 锅中放油，放入小香葱、八角炒香。
⑤ 放入蚕豆，翻炒均匀。
⑥ 冷却装盘。

注意事项

1. 把控蚕豆煮制时间。
2. 把控蚕豆炒制火候。

10. 苏式酱萝卜

操作视频

准备材料

主料：象牙白萝卜 400 克

辅料：小米辣 20 克、大蒜 25 克

调料：白糖 60 克、一品鲜 100 克、味达美 80 克、香醋 40 克、矿泉水 200 克、盐 20 克

制作步骤

①

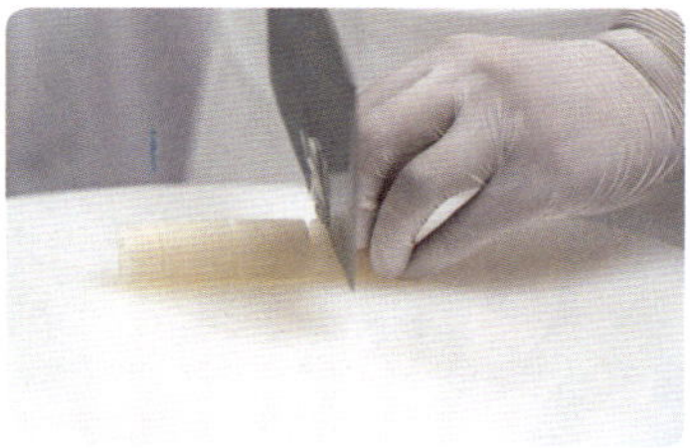

②

③

④

⑤

⑥

① 将白萝卜去皮洗净，大蒜切片。

② 将白萝卜打花刀切片。

③ 将切好的白萝卜用盐腌出水份洗净待用。

④ 将调料、辅料倒入腌制好的白萝卜碗中。

⑤ 将白萝卜在酱汁中搅拌均匀，浸泡 3 小时。

⑥ 装盘成菜。

注意事项

1. 白萝卜要选用新鲜、无空心的萝卜。
2. 白萝卜在酱料中腌制的时间要达 3 小时左右，防止不入味。

热菜

传统经典菜

11. 无锡酱排骨

无锡酱排骨起源于清朝光绪年间，最早叫无锡肉骨头。相传无锡有个农民叫陆小生，他的妻子生病了，想吃肉，他就买了排骨，用稻草垫烧给她吃，妻子吃了以后，顿时就好了很多，在当地就传开了这种做法。后来无锡三凤桥的一家饭店对酱排骨做了技术改进，使味道更加浓厚，一下子在当地声名鹊起，成为无锡名菜。

操作视频

准备材料

主料： 猪仔排 750 克
辅料： 葱 50 克、姜 50 克、小茴香 3 克、八角 3 克、桂皮 5 克、丁香 1 克、香叶 5 克、草果 5 克
调料： 盐 8 克、白冰糖 200 克、老抽 10 克、料酒 10 克、红曲粉 5 克

制作步骤

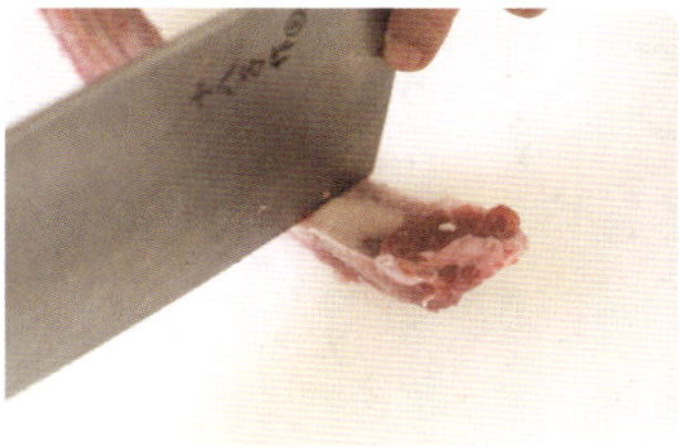

①

②

③

④

⑤

⑥

① 将排骨改刀剁成段，生姜切片。
② 排骨冷水下锅焯水，撇去浮沫，捞出备用。
③ 锅入底油，下入葱、姜炒香，下入排骨炒香。
④ 下入香料，烹入料酒、老抽后添汤。
⑤ 下入白冰糖、红曲粉、盐调味调色小火烧制 20 分钟。
⑥ 大火收汁出锅装盘即可。

注意事项

1. 色泽一开始不宜调得过深，出锅后会因氧化而导致色泽加重。
2. 排骨改刀剁段要大小一致。

12. 蒜烧马鞍桥

操作视频

准备材料

主料： 鳝鱼 500 克
辅料： 土豆 250 克、鹌鹑蛋 100 克、五花肉 100 克、黄瓜 150g（装饰用，可选）、生姜 10 克、八角 5 克、葱 5 克、蒜 5 克
调料： 盐 6 克、料酒 10 克、老抽 6 克、生抽 6 克、猪油 50 克、白糖 5 克、生粉 2 克

制作步骤

①

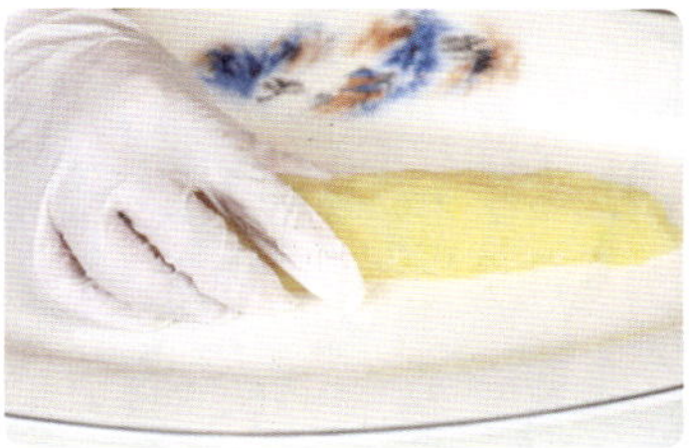
②

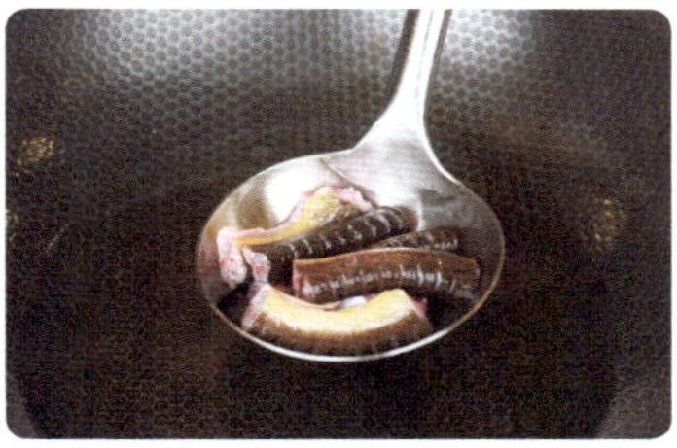
③

④

⑤

⑥

① 将土豆切厚片，五花肉切片，鳝鱼背部打上一字花刀。
② 将土豆蒸熟捣成泥放盘中垫底。
③ 锅下宽油，放入鳝鱼过油捞出。
④ 锅内加猪油，下入蒜瓣炒香盛出待用，再下入五花肉煸炒，放入葱、姜炒出香味，放入鳝鱼，加老抽、生抽、料酒调味后，加入清汤慢烧入味。
⑤ 下入炸好的蒜瓣后加盐、白糖并勾芡。
⑥ 大火收汁后淋蒜油盛出，用黄瓜、鹌鹑蛋摆盘即可。

注意事项

1. 蒜油需提前炸好备用。
2. 死的鳝鱼不能食用。

13. 罗汉斋

操作视频

准备材料

主料：素鸡 250 克、山药 200 克、口蘑 150 克、紫菜 100 克
辅料：红皮萝卜 200 克、莲子 150 克、黄豆芽 200 克、千张 100 克、南瓜 150 克、玉米笋 150 克
调料：盐 6 克

制作步骤

①

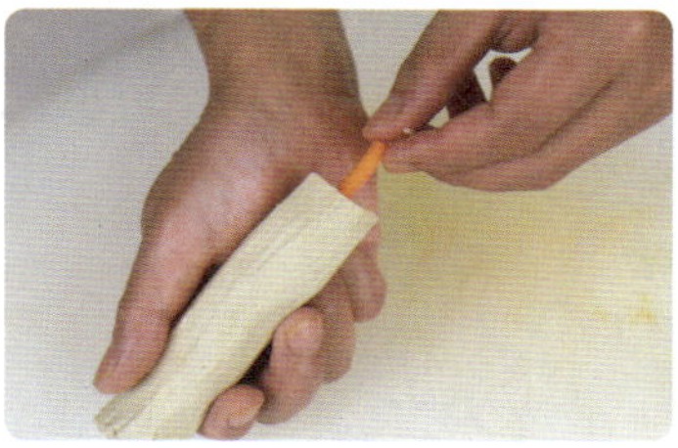

②

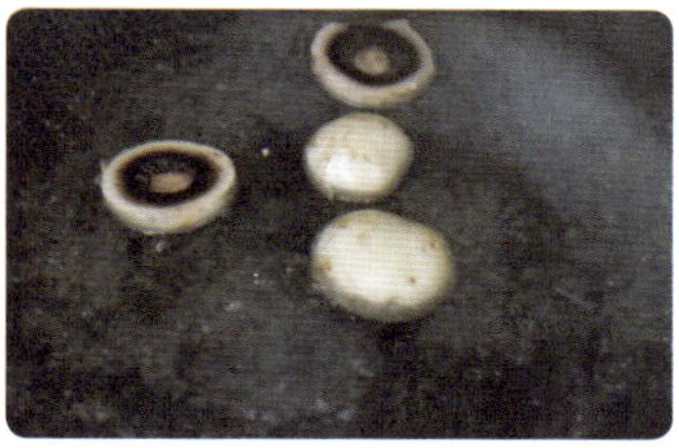

③

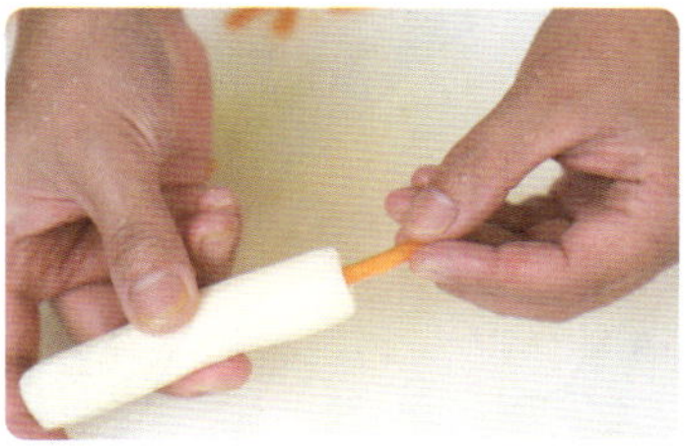

④

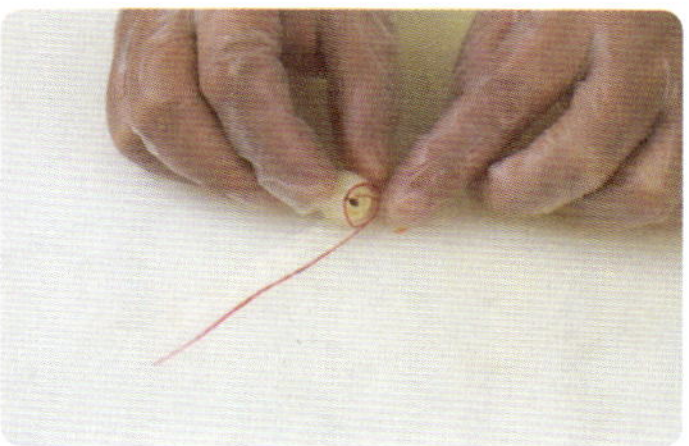

⑤

⑥

① 将南瓜雕刻成元宝，红皮萝卜切成薄片，放入盘中。
② 素鸡修成圆柱形，中间用 U 形戳刀挖个孔塞入南瓜。玉米笋切开，千张切成条状备用。
③ 口蘑焯水后切梳子形花刀。
④ 山药去皮洗净，中间用 U 形戳刀挖个孔塞入南瓜。剩余的山药捣成泥状，放在铺平的千张上抹平，再放上紫菜，做成紫菜卷。
⑤ 莲子用水泡好后，用红皮萝卜片卷好莲子。
⑥ 将千张条、黄豆芽焯水后摆入盘中，再将其他原料改刀好，整齐摆在汤碗内，用元宝点缀，四周放上卷好的莲子，浇上素汤，上蒸锅 12 分钟取出成菜。

注意事项

1. 所有食材初加工要按要求制作。
2. 整体形状摆放完整。

14. 西露蹄筋

准备材料

主料：蹄筋 400 克

辅料：火腿 20 克、香菇 10 克、笋 10 克、胡萝卜 10 克、葱 20 克

调料：盐 3 克、猪油 10 克、生粉 20 克

制作步骤

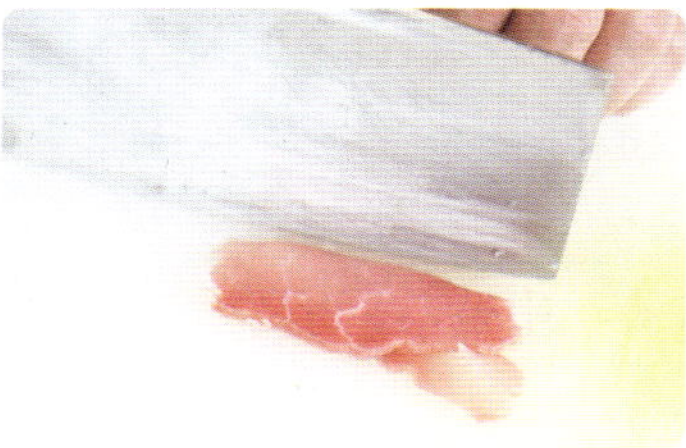

①

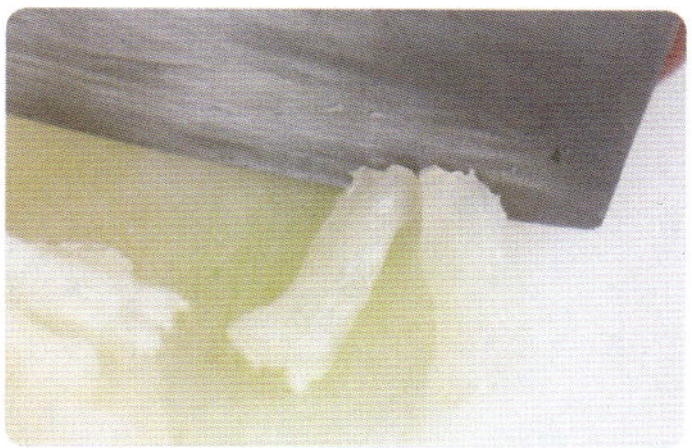

②

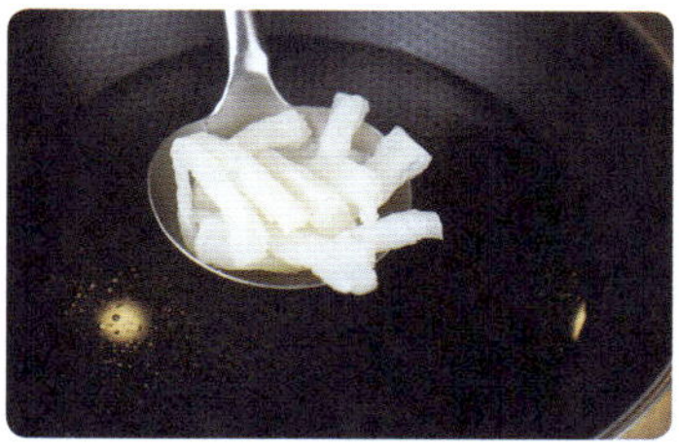

③

④

⑤

⑥

① 将火腿、香菇、胡萝卜、笋、葱切末。

② 蹄筋清洗后改刀。

③ 蹄筋焯水备用。

④ 锅中放少许猪油后煸香辅料，加入高汤，下入蹄筋后烩制。

⑤ 调味勾芡淋油。

⑥ 撒入葱花装盘即可。

注意事项

1. 蹄筋上附着的肉要剔干净。

2. 一定要用高汤煨制，勾芡略浓稠。

15. 白袍虾仁

白袍虾仁和软兜长鱼合称淮扬菜的淮炒双峰，代表了淮扬菜的最高水平，特别是白袍虾仁，以选料精细和炒菜功夫深厚见长。

操作视频

准备材料

主料： 手剥虾仁 500 克
辅料： 青豆 50 克、葱 20 克
调料： 盐 5 克、白糖 3 克、料酒 10 克、胡椒粉 5g、生粉 10 克

制作步骤

①

②

③

④

⑤

⑥

① 虾仁开背。
② 虾仁加盐、胡椒粉、料酒、生粉调味上浆。
③ 虾仁滑油备用。
④ 锅内放底油，下入葱炒香。
⑤ 下入青豆和虾仁翻炒，加少许高汤，加盐、白糖和胡椒粉调味，翻炒均匀。
⑥ 出锅装盘。

注意事项

1. 虾仁上浆前要把水分沥干。
2. 油温不宜太高。

16. 平桥豆腐羹

相传乾隆南巡时来到了江苏淮安地区的平桥镇，当地有个大财主知道后，觉得是讨好乾隆的大好时机，于是他就用当地平桥的特色豆腐加上老母鸡汤和配料烩制出具有当地特色的菜肴款待乾隆，乾隆吃完后连连称赞，从此这道菜誉满江淮，成为江苏菜系的一道传统名菜。

操作视频

准备材料

主料： 中豆腐 250 克
辅料： 鸡蛋皮 20 克、冬笋 20 克、香菇 20 克、火腿 20 克、小葱 10 克
调料： 盐 5 克、白胡椒粉 8 克、油 10 克、淀粉 2 克

制作步骤

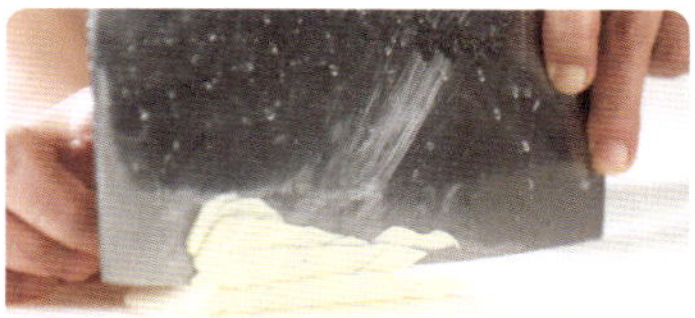
①

②

③

④

⑤

⑥

① 将豆腐去除老皮后切菱形片备用。
② 将辅料切菱形片备用。
③ 锅内放底油，下入葱花炒香后加入清汤，下入其他辅料煮开。
④ 下入豆腐调好口味。
⑤ 加入水淀粉勾芡。
⑥ 盛入碗中即可。

注意事项

1. 食材的改刀形状、大小要尽量一致。
2. 勾芡的浓度要把握好，要使原料悬浮在汤中。

17. 酱汁肉

据说，明朝初年的一个张姓富商，有一次他在一家饭馆吃饭，尝到了一道叫做“红烧肉”的菜品，非常喜欢。但是，他觉得这道菜品有些油腻。于是，他就请来了这家饭馆的大厨，要求他改良红烧肉的做法，以符合他的口味。大厨经过多次尝试，调制出了一种独特的调料，这种调料搭配炖制的肉类，口感十分细腻，不油腻，同时又非常美味。富商非常满意这道菜品，将它命名为“张家烧肉”。后来，这道菜品在传承过程中经过改良，最终演变成了现在的苏州酱汁肉。

操作视频

准备材料

主料：酱方肉（五花肉）750 克
辅料：菜心 1000 克、葱 5 克、姜 5 克
调料：盐 5 克、料酒 6 克、冰糖 10 克、八角 3 克、桂皮 3 克、红曲米 8 克

制作步骤

①

②

③

④

⑤

⑥

① 将肉加葱、姜焯水后改刀成块。
② 锅入底油，下入葱、姜炒香。
③ 下入方块肉炒香，加入料酒后添汤、加盐调味。
④ 下入红曲米、冰糖。
⑤ 加入八角、桂皮煮一会儿后捞去葱、姜，转小火。
⑥ 待肉质软烂后码入盘中，围上焯水的菜心即可。

注意事项

1. 肉要煮至酥烂，保持完整形状。
2. 色泽要把控好。

18. 三件子

操作视频

准备材料

主料： 蹄膀 1000 克、老鸡 1000 克、火腿 100 克
辅料： 冬笋 300 克、香菇 10 克、菜心 100 克、葱 10 克、姜 5 克
调料： 盐 6 克、料酒 4 克

制作步骤

①

②

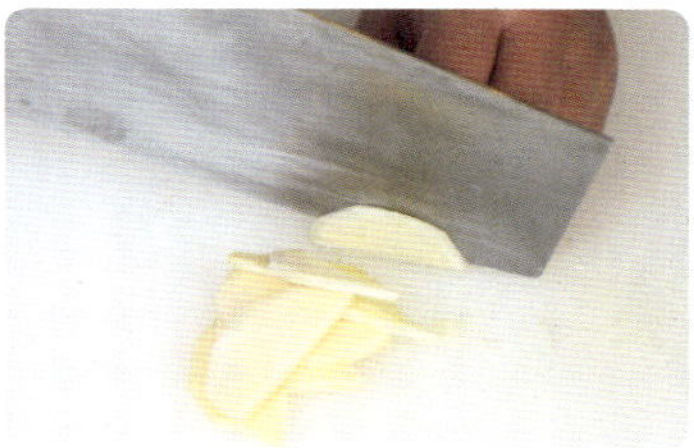
③

④

⑤

⑥

① 将主料清洗后放入料酒、葱、姜焯水。
② 将主料焯水洗净后放入砂锅内，加入葱、姜、料酒，大火烧开，小火慢煨。
③ 将冬笋切片。
④ 加入冬笋、香菇煮至肉酥烂。
⑤ 加入菜心。
⑥ 加盐调味后再煮开一会儿即可。

注意事项

1. 慢煨时，火一定要小。
2. 主料一定要煮至酥烂。

19. 腌笃鲜

操作视频

准备材料

主料： 刀板香 250 克、五花肉 400 克
辅料： 莴笋 250 克、百叶结 150 克、冬笋 80 克
调料： 料酒 6 克、盐 2 克

制作步骤

①

②

③

④

⑤

⑥

① 将五花肉焯水后切厚片，刀板香切厚片，冬笋、莴笋切成滚刀块。
② 锅入水，下入五花肉片、刀板香片。
③ 下入冬笋煮开。
④ 加入料酒。
⑤ 加入百叶结和莴笋后加盐调味，炖至入味。
⑥ 盛入碗中即可。

注意事项

1. 水一次性加足，中途不要加水。
2. 刀板香有咸味，不能一次性调味。

20. 荠菜冬笋

操作视频

准备材料

主料： 冬笋 500 克
辅料： 荠菜 160 克、火腿 30 克
调料： 盐 5 克、猪油 30 克、淀粉 2 克

制作步骤

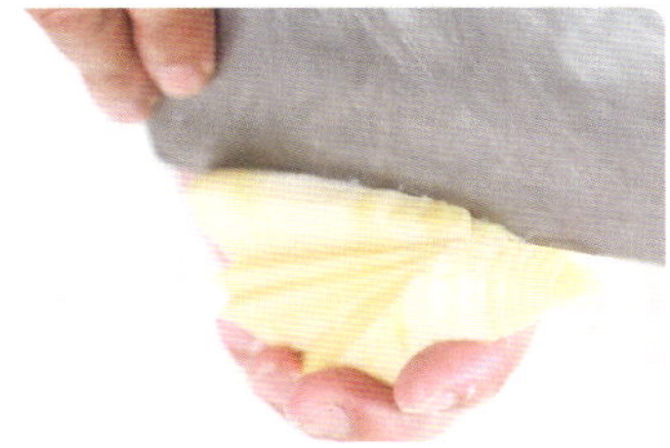
①

②

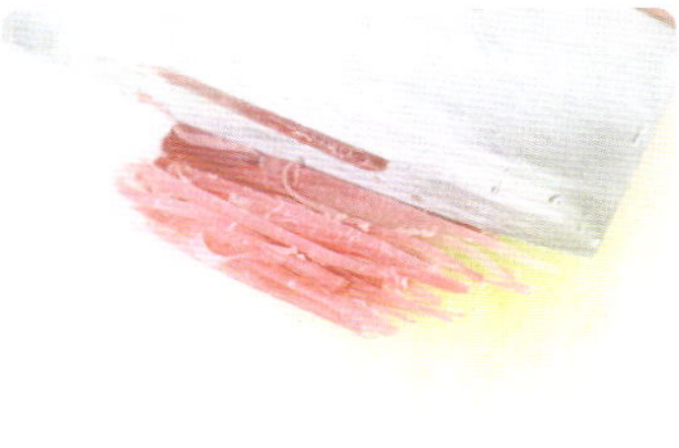
③

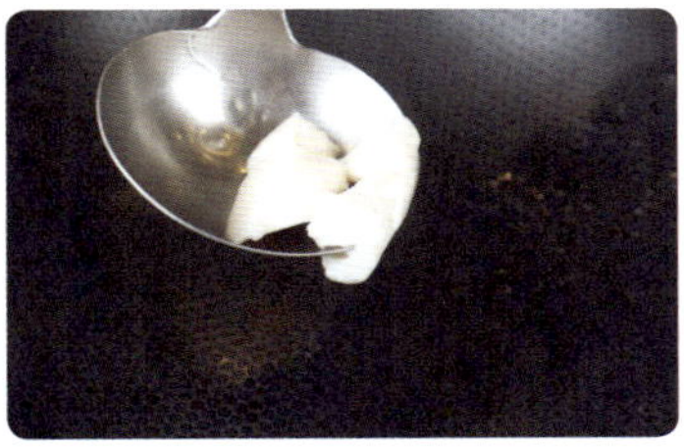
④

⑤

⑥

① 将冬笋焯水后改刀成象牙块。
② 荠菜切末。
③ 火腿切末。
④ 锅内下入猪油。
⑤ 放入荠菜、冬笋、火腿翻炒。
⑥ 加入清汤略煮后调味勾芡，装盘即可。

注意事项

1. 笋要把老根切干净，切成象牙块，不要切片。
2. 此菜用猪油更香。

21. 茅台醇香六月黄

操作视频

准备材料

主料：六月黄 625 克
辅料：葱 2 克、姜 5 克、蒜 3 克、九制同享梅 10 克、香菜 5 克
调料：飞天茅台 53 度 50 克、十年古越龙山花雕酒 100 克、胡椒粉 3 克、生抽 40 克、美极鲜 30 克、盐 50 克

制作步骤

①

②

③

④

⑤

⑥

① 将六月黄上锅蒸 15 分钟后取出待用。
② 准备一个盆，加入矿泉水，再加入葱姜蒜。
③ 加入九制同享梅、香菜、飞天茅台酒、花雕酒、胡椒粉、生抽、美极鲜、盐。
④ 放入六月黄泡 4 小时。
⑤ 取出六月黄改刀成两瓣。
⑥ 装盘即可。

注意事项

1. 把控六月黄蒸制时间。
2. 酱汁调制的比例须按标准投放。
3. 螃蟹蒸制时，应水开后再入蒸笼蒸制。

22. 罗汉上素

操作视频

准备材料

主料： 香菇 150 克、口蘑 80 克、香干 100 克、油面筋 50 克、草菇 120 克、玉米笋 100 克
辅料： 葱花 10 克
调料： 老抽 8 克、糖 3 克、油 25 克、胡椒粉 2 克、淀粉 2 克

制作步骤

①

②

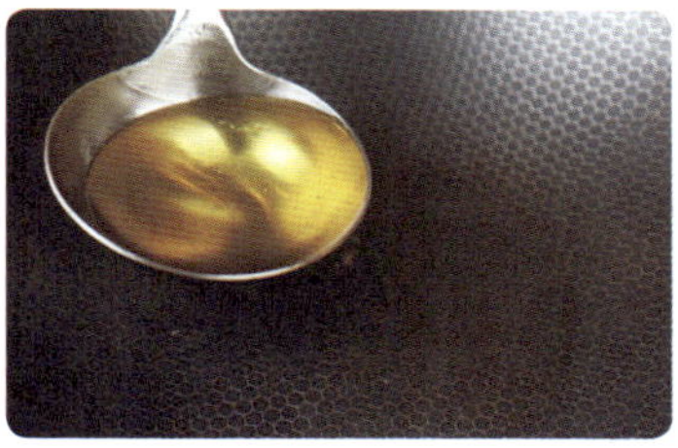

③

④

⑤

⑥

① 将玉米笋切断，口蘑改刀切块。
② 将香干改刀切条，香菇改刀切厚片，将面筋、玉米笋、香菇、口蘑、香干、草菇焯水。
③ 锅下底油，下入葱花爆香。
④ 将所有食材一起入锅煸香，中小火煸炒 1 分钟后再加入老抽、糖、胡椒粉和适量高汤调味。
⑤ 开锅后勾芡淋油。
⑥ 将炒好的菜品盛入盘中。

注意事项

1. 把握调味。
2. 控制火候。

23. 泊隐太湖白什盘

操作视频

准备材料

主料： 黑鱼 250 克、上浆虾仁 50 克、水发蹄筋 80 克、海参 100 克

辅料： 茨菇 50 克、茭白 50 克、马蹄 50 克、水芹段 10 克、红椒 50 克、银杏 30 克、小葱段 10 克、去皮姜片 8 克

调料： 盐 3 克、香油 1 克、芡水 10 克

制作步骤

①

②

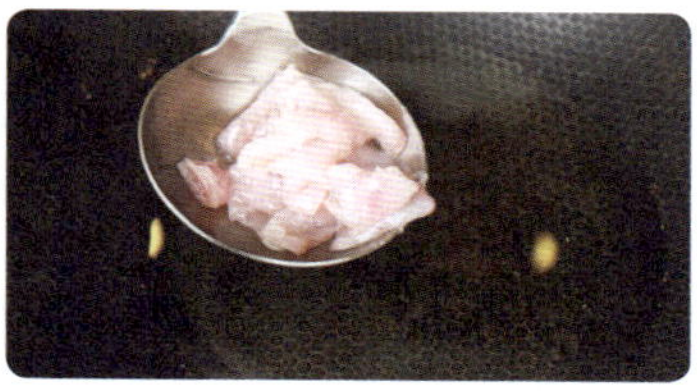
③

④

⑤

⑥

⑦

⑧

⑨

① 将生姜、红椒、茭白切成菱形片，茨菇切厚片，马蹄切片，黑鱼切片，海参切条，水发蹄筋改刀成条。将茨菇、茭白、马蹄、红椒、银杏、海参、蹄筋焯水备用。

② 净油滑锅入油。

③ 将鱼片滑熘断生后控油备用。

④ 分别将虾仁和茨菇、蹄筋、海参、马蹄、红椒滑熘断生后滑入漏勺，控油备用。

⑤ 热锅留底油，加小葱、姜片炒香，加入鱼片、虾仁、茨菇片、蹄筋、马蹄片、红椒片、茭白片、水芹段、银杏翻炒均匀。

⑥ 放入海参。

⑦ 加入盐调味。

⑧ 加入芡水勾芡。

⑨ 淋上香油，翻炒后出锅装盘即可。

注意事项

1. 鱼片不宜切太薄。
2. 注意火候。

24. 苏式玫瑰小方糕

操作视频

准备材料

主料：粳米粉 250 克
辅料：糯米粉 90 克、玫瑰酱 10 克
调料：糖 25 克、水 140 克

制作步骤

①

②

③

④

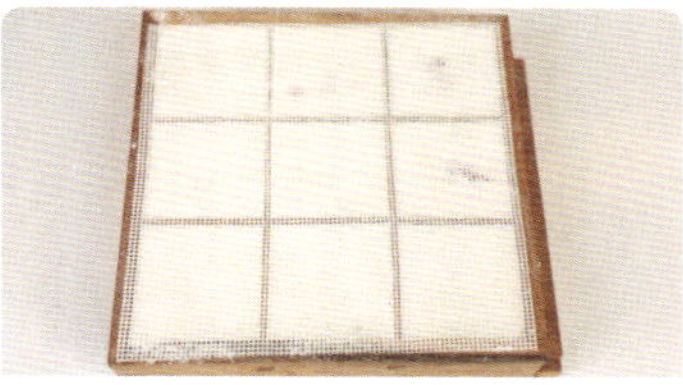

⑤

⑥

① 将粳米粉、糯米粉、糖一起拌匀，水少量分次加入拌匀。
② 将过筛的粉质放入九宫格内。
③ 每个格子用擀面棍压个孔。
④ 盛入玫瑰酱。
⑤ 再覆盖一层粉质后，用刮板抹平。
⑥ 脱模至蒸笼，上汽后蒸 8 分钟，焖 1 分钟即可成菜。

注意事项

1. 掌握火候。
2. 倒模时粉质不宜紧压，适度按压会让方糕更加软糯可口。

25. 三虾二面黄

操作视频

准备材料

主料： 河蟹 600 克
辅料： 河虾 400 克、姜茸 20 克、碱水面 200 克
调料： 小葱花 10 克、猪油 20 克

制作步骤

①

②

③

④

⑤

⑥

① 将河虾剥开取虾籽、虾仁，河蟹蒸熟取出蟹黄、蟹粉备用。
② 将碱水面放入开水锅煮 1 分钟后冲凉控水，用油拌匀。
③ 锅下底油后将面入锅，煎至二面金黄、外脆里嫩。
④ 起锅入猪油、姜茸，将蟹粉炒香后，加入盐翻炒。
⑤ 投入虾籽、虾仁炒熟，淋入明油。
⑥ 浇在煎好的面条上面即可。

26. 太湖银鱼滑蛋

操作视频

准备材料

主料： 鹅蛋 180 克
辅料： 银鱼 100 克、青豆 100 克
调料： 盐 3.5 克、料酒 5 克、白醋 5 克、胡椒粉 3 克

制作步骤

①

②

③

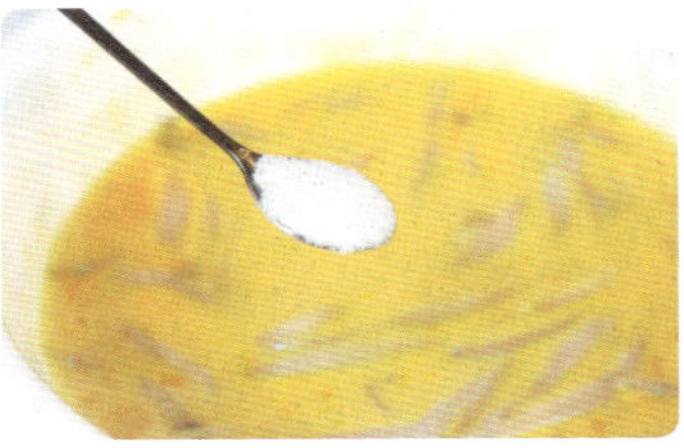
④

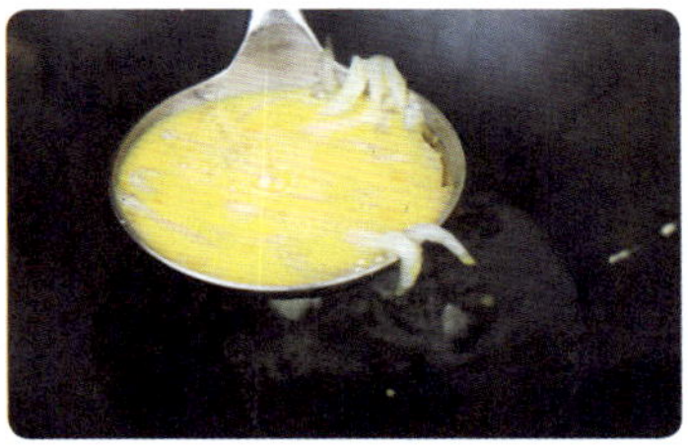
⑤

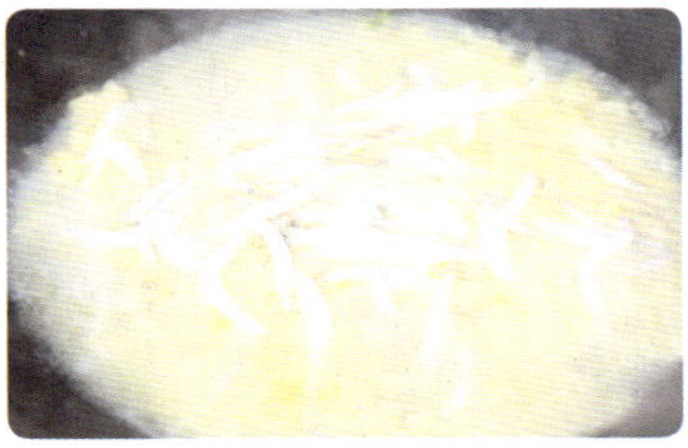
⑥

① 将鹅蛋打入碗中搅匀。
② 将青豆焯水后切碎。
③ 将银鱼放入蛋液中搅匀。
④ 下入调料拌匀。
⑤ 锅内加水，放入油烧开后下入蛋汤。
⑥ 成形后撒上青豆即可。

注意事项

1. 选用新鲜的鹅蛋。
2. 须水开后下入蛋液，可分多次下入，煮制过程中要用微火。

27. 无锡鳝鱼煲

操作视频

准备材料

主料： 鳝鱼 500 克
辅料： 老豆腐 100 克、鸽子蛋 200 克、葱 5 克、姜 5 克
调料： 盐 3 克、糖 5 克、蚝油 5 克、红椒 5 克、黄豆酱 10 克、水芡 2 克

制作步骤

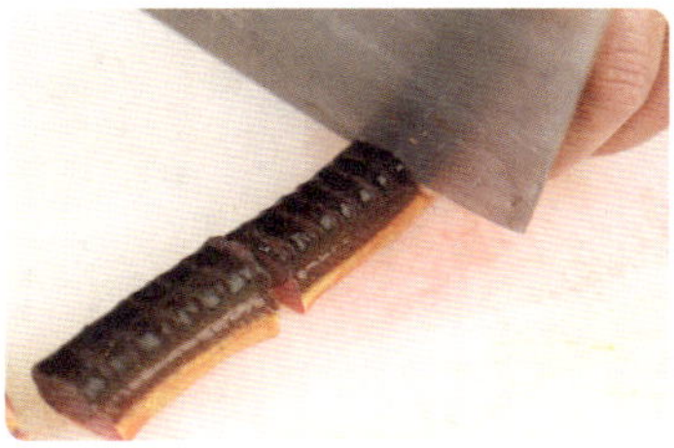

①

②

③

④

⑤

⑥

① 将豆腐改刀成三角厚片，鳝鱼背部改一字花刀后切成断。
② 锅入底油，下入姜片炒香。
③ 下入红椒、黄豆酱炒香。
④ 下入鳝鱼段。
⑤ 加调料调味后加汤，烧至成熟。
⑥ 淋入少许水芡收汁，盛入垫好豆腐的煲仔锅中，四周摆好煮熟的鸽子蛋，撒上葱花即可。

注意事项

1. 鳝鱼要用鲜活的。
2. 鳝鱼肉质细嫩，烹调时要把握火候。

28. 惠山一锅鲜

操作视频

准备材料

主料： 太湖白鱼 500 克
辅料： 太湖白虾 300 克、花甲 500 克、鱼籽 200 克、香菜 20 克、葱 10 克、生姜 10 克
调料： 盐 6 克、胡椒粉 5 克、猪油 10 克、料酒 50 克

制作步骤

①

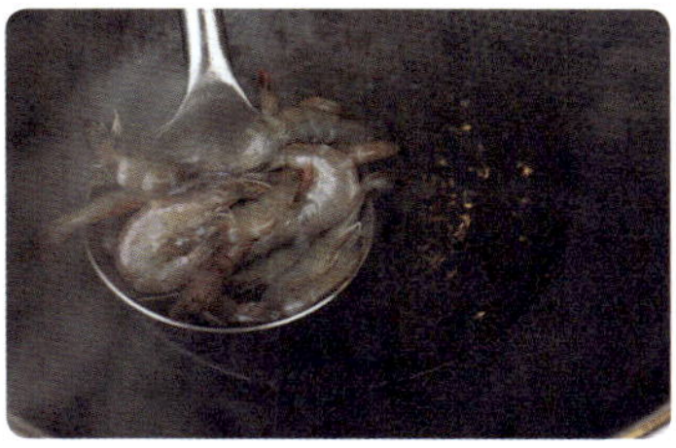
②

③

④

⑤

⑥

① 将白鱼均匀斩成三段。
② 将白虾、花甲、鱼籽焯水。
③ 锅入底油，加入猪油，下入白鱼煎制，添汤调味后倒入锅中。
④ 煮 10 分钟左右加入花甲、白虾。
⑤ 加入鱼籽。
⑥ 点缀香菜即可。

注意事项

1. 白鱼煎制时要掌握油温。
2. 调味不宜过重，要突出鲜味。

29. 苏北地锅鸡

操作视频

准备材料

主料： 仔鸡 1500 克
辅料： 青椒 25 克、面粉 500 克
调料： 盐 6 克、胡椒粉 8 克、糖 5 克、八角 5 克、花椒 3 克、生抽 4 克、老抽 5 克、蚝油 3 克、料酒 5 克

制作步骤

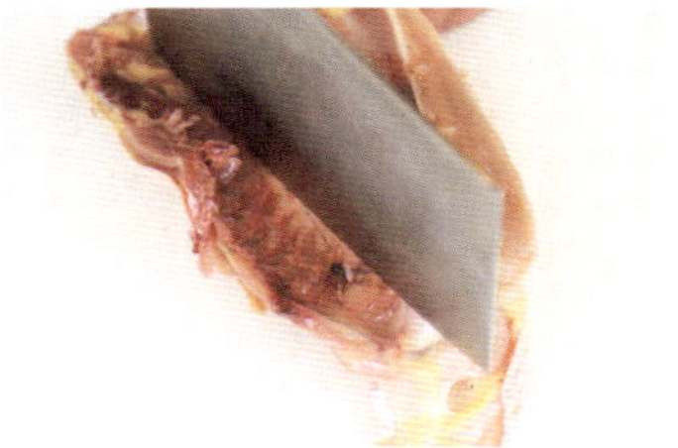
①

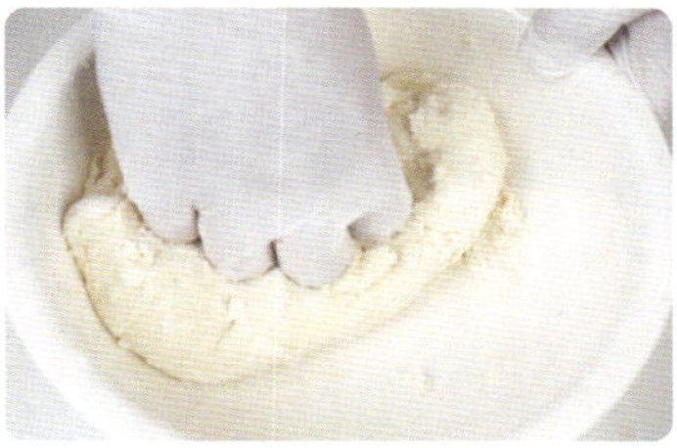
②

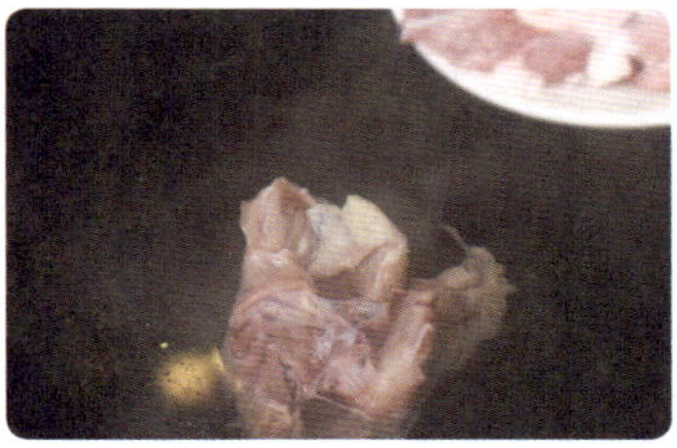
③

④

⑤

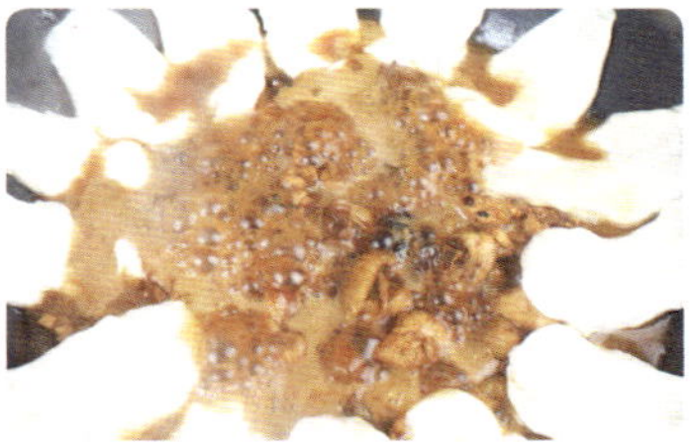
⑥

① 将青椒切片，鸡肉剁块。
② 将面粉制成面团。
③ 锅入油，下入八角、花椒炒香，下入主料煸炒。
④ 烹入料酒、老抽、生抽。
⑤ 添汤，加盐等调味，烧至成熟。
⑥ 将面团制成饼状贴在锅边上焖至成熟，放入青椒再焖煮一会儿即可。

注意事项

1. 仔鸡烧制前不需焯水。
2. 面团制作时放点盐。

30. 金牌樱桃肉

操作视频

准备材料

主料： 梅花肉 500 克
辅料： 菜心 50 克、小青豆 250 克、玉米粒 260 克、姜片 5 克
调料： 番茄酱 5 克、橙汁 200 克、白醋 20 克、白糖 10 克、油 5 克、淀粉 2 克

制作步骤

①

②

③

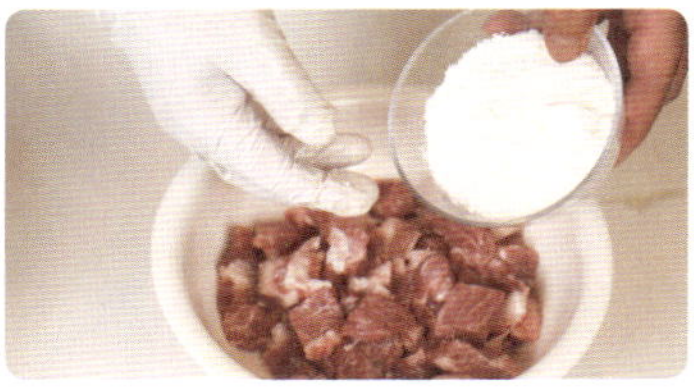
④

⑤

⑥

⑦

⑧

⑨

① 将生姜切片，菜心修整好。
② 将梅花肉洗净切丁腌制。
③ 将青豆、玉米粒、菜心焯水。
④ 将腌好的肉放入淀粉拌匀后制成肉丸。
⑤ 锅入宽油，烧至 5 成热时下入肉丸，炸至金黄。
⑥ 锅入底油，下入番茄酱炒制。
⑦ 加调料调味勾芡。
⑧ 下入炸好的肉丸翻炒均匀。
⑨ 装盘，围上菜心即可。

注意事项

1. 把控色泽。
2. 注意调糊的稀稠度。

31. 乾隆九丝汤

此菜为“大煮干丝”的前身，据传是由清乾隆皇帝赐名。乾隆皇帝巡查至江南，在扬州品尝到这道名菜，因有九种原材料，故特赐名为“九丝汤”。

操作视频

准备材料

主料： 方干 350 克

辅料： 咸火腿 50 克、瑶柱 50 克、鸡胸肉 50 克、笋 50 克、虫草花 50 克、虾仁 10 克、海参 50 克、青菜 20 克

调料： 盐 10 克、清汤 500 克

制作步骤

①

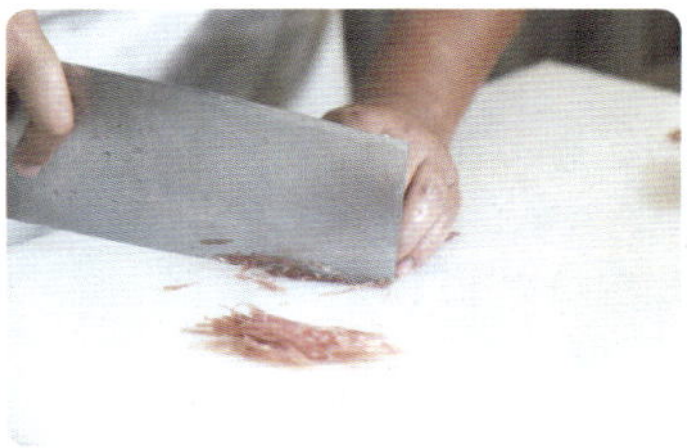

②

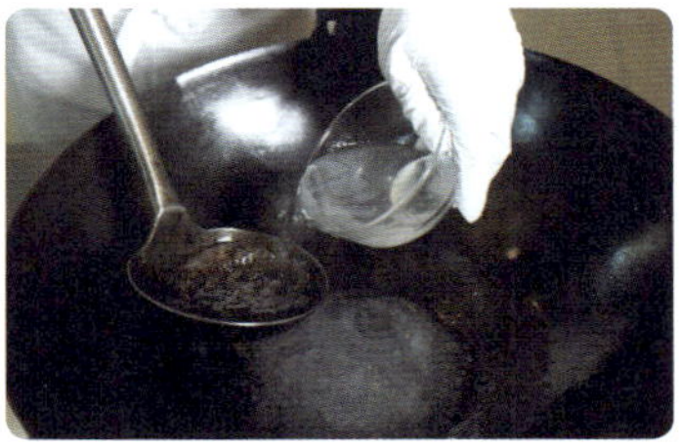

③

④

⑤

⑥

① 将方干切细丝。

② 将咸火腿蒸熟后切细丝，瑶柱蒸熟后撕细丝，鸡胸肉蒸熟后撕成细丝，笋切细丝，海参切细丝。

③ 锅中下清汤烧沸后下入冬笋丝、火腿丝等食材。

④ 加盐调味烧开。

⑤ 下入虾仁。

⑥ 下入青菜，烫熟即可。

注意事项

1. 控制烩制火候。

2. 刀工要精细。

32. 镜箱豆腐

此菜肴为无锡的一道传统名菜，为迎宾楼所制，选用无锡特产“小箱豆腐”烹调而成。此菜又叫金镶白玉盒，肉是金，虾仁为玉，豆腐做成箱盒，故取名金镶白玉盒。

操作视频

准备材料

主料： 水嫩豆腐 500 克
辅料： 肉馅 200 克、小青菜 300 克、虾仁 100 克、葱 10 克
调料： 盐 8 克、料酒 10 克、淀粉 20 克、老抽 30 克、生抽 20 克、糖 10 克

制作步骤

①

②

③

④

⑤

⑥

① 将豆腐切块。
② 锅入油烧至 180 度左右，下入豆腐块炸至金黄色。
③ 用雕刻刀取一长方形口挖空，酿入码好味的肉馅盖上盖。
④ 用稍焯水后的小葱扎紧。
⑤ 锅入清汤、盐、老抽等调料，下入豆腐烧至入味，水淀粉勾薄芡后淋明油。
⑥ 盘中围上焯好水的小青菜，摆上豆腐，淋上汤汁，最后用煮熟的虾仁点缀。

注意事项

1. 把控油温。
2. 酿肉馅时不宜过多。
3. 炸豆腐时，不要用手勺搅拌，否则豆腐易碎。

33. 三虾冬瓜

操作视频

准备材料

主料： 冬瓜 500 克
辅料： 虾皮 50 克、金华火腿 20 克、虾 100 克、青豆 10 克
调料： 鸡清汤 300 克、盐 10 克

制作步骤

①

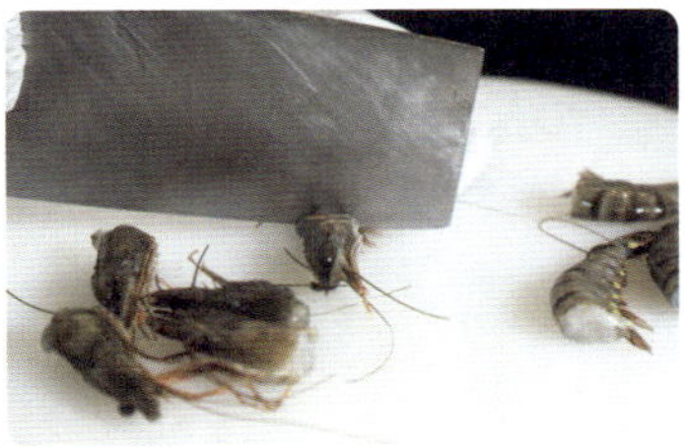

②

③

④

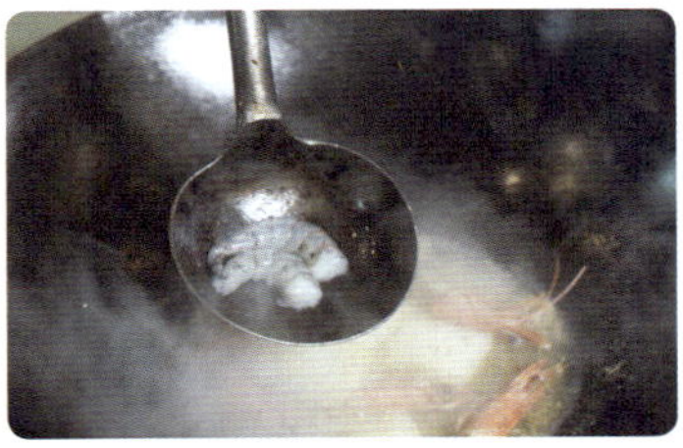

⑤

⑥

① 将冬瓜改刀成厚片。
② 将虾去头取肉。
③ 将虾皮煸干切末。
④ 锅入鸡清汤，下入虾头、冬瓜。
⑤ 下入青豆、火腿，调味煨至软烂后下入虾仁。
⑥ 将冬瓜摆盘，用虾头、虾仁、青豆、火腿装饰，浇上原汤，最后撒上虾皮即可成菜。

注意事项

1. 冬瓜切厚片要大小均匀一致。
2. 冬瓜在煨制时要保持整形。

34. 蟹粉烩鱼肚

操作视频

准备材料

主料：油发鱼肚 400 克、蟹粉 150 克
辅料：小葱 50 克、姜末 50 克、上海青 300 克
调料：盐 5 克、生粉 10 克、料酒 20 克、白胡椒粉 10 克、陈醋 3 克

制作步骤

①

②

③

④

⑤

⑥

① 锅下宽水，放入盐、油烧开。
② 将上海青焯水装盘围边。
③ 晾锅入油，下蟹粉、姜末和葱花炒香。
④ 下入料酒和高汤后再下入鱼肚，小火烧 3 分钟后调味。
⑤ 水淀粉勾芡，淋油，撒上葱花。
⑥ 装盘即可。

注意事项

1. 注意勾芡的厚薄程度。
2. 鱼肚要提前用高汤煨制。
3. 鱼肚在油发前，需要用冷油泡制。

35. 八宝葫芦鸭

操作视频

准备材料

主料： 麻鸭 4000 克

辅料： 香菇 5 克、虾仁 50 克、莲子干 50 克、鸡胸肉 120 克、板栗 100 克、糯米 150 克、火腿 80 克、葱 5 克、姜 5 克、菜心 60 克

调料： 盐 3 克、生抽 15 克、老抽 15 克、白糖 4 克、鸡精 5 克、芝麻油 20 克、菜籽油 10 克、胡椒粉 6 克、香叶 2 克、桂皮 2 克、白蔻 2 克、干辣椒 2 克、八角 2 克

制作步骤

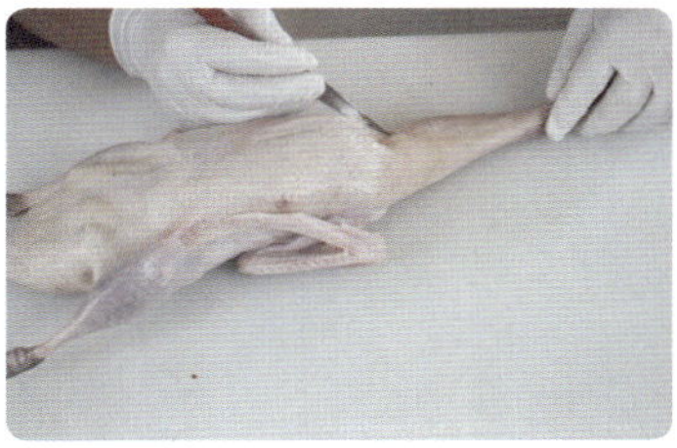

①

②

③

④

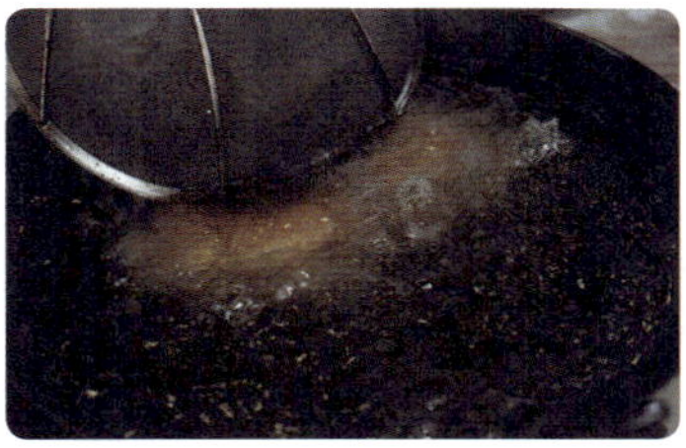

⑤

⑥

① 将鸭子整料去骨。

② 将火腿、板栗、鸡肉、虾仁切丁，莲子泡好，糯米蒸熟后加入少许生抽、白糖、油拌匀。

③ 锅下底油，下入葱姜，再放入切好的食材。

④ 加入生抽、老抽翻炒后加入糯米饭拌匀，再加入盐、鸡精、白糖翻炒制成馅料。将炒好的馅料填入鸭子腹内，用针线缝好刀口。

⑤ 将鸭子抹上酱油后放入油锅中炸制。

⑥ 锅下底油，下入所有香料煸香，下入高汤后调色调味，烧至成熟装盘，最后浇上卤汁、围上焯熟的菜心即可。

注意事项

1. 鸭子整料去骨要谨慎，避免捅破表皮。
2. 把控好各种馅料的准确调味。

36. 江中鲜

操作视频

准备材料

主料： 刀鱼 400 克
辅料： 生姜 20 克、小葱 20 克
调料： 盐 30 克、猪油 20 克、白酒 5 克、糖 10 克

制作步骤

①

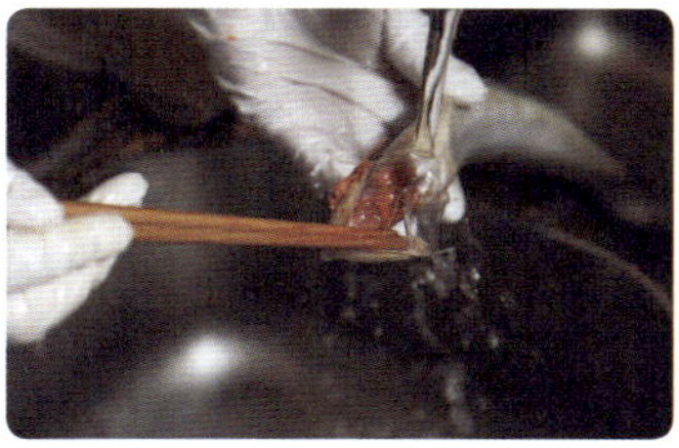

②

③

④

⑤

⑥

① 将刀鱼宰杀后去内脏、去鳃。
② 用清水清洗干净刀鱼。
③ 将刀鱼摆入盘中，撒盐、葱、姜、白酒后抹匀。
④ 加上猪油。
⑤ 上蒸箱蒸 8 分钟。
⑥ 将多余的汤汁倒入锅中，加盐和白糖调味后淋明油，将汤汁浇在鱼身上，撒上葱花即可。

注意事项

1. 刀鱼加工处理时不能破肚。
2. 严格把握蒸制时间。

37. 无锡脆鳝

操作视频

准备材料

主料： 熟鳝丝 400 克
辅料： 生姜 50 克、车厘子 10 克
调料： 盐 2 克、番茄酱 50 克、白糖 80 克、白醋 50 克、生粉 150 克、老抽 10 克

制作步骤

①

②

③

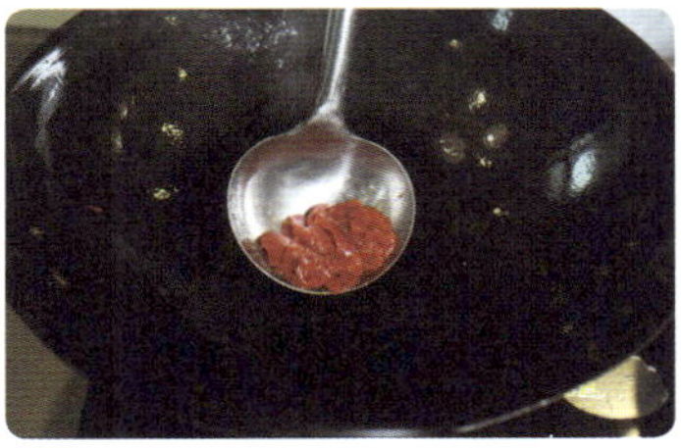

④

⑤

⑥

① 把熟鳝丝去血肠后洗净，生姜切成银针丝待用。
② 将洗净的熟鳝丝拍上生粉包裹均匀。
③ 六成油温下鳝丝炸酥脆后捞出。
④ 锅留底油，放入番茄酱炒香后加入白糖、白醋、盐、老抽、少许水烧开，然后勾芡、淋明油。
⑤ 下入炸好的鳝丝翻炒均匀。
⑥ 出锅装盘，放姜丝和车厘子点缀。

注意事项

1. 鳝鱼丝拍粉要均匀，并抖掉多余的粉。
2. 把控芡汁的浓度。

38. 荷塘小炒

操作视频

准备材料

主料：藕 400 克、荷兰豆 200 克、虾仁 100 克

辅料：鸡头米 100 克、红椒 20 克、木耳 20 克、葱 10 克、姜 10 克、蒜 10 克

调料：盐 10 克、糖 10 克、生粉 10 克

制作步骤

①

②

③

④

⑤

⑥

① 将荷兰豆两头去蒂，红椒切成三角块，木耳泡发洗净后切小块，虾仁洗净，莲藕去皮切片，葱、姜、蒜洗净、切片备用。

② 润锅下葱、姜、蒜爆香，下焯过水的荷兰豆。

③ 下入焯过水的藕片和红椒。

④ 下入焯过水的虾仁、鸡头米。

⑤ 加调料调味，勾芡翻炒均匀。

⑥ 装盘即可。

注意事项

1. 注意控制火候。

2. 注意菜肴的色泽搭配。

39. 文思豆腐羹

操作视频

准备材料

主料： 嫩豆腐 500 克
辅料： 青菜 10 克、发菜 10 克、冬笋 10 克、鸡架 200 克、筒子骨 300 克、葱 10 克、姜 10 克
调料： 盐 10 克、糖 10 克、生粉 100 克

制作步骤

①

②

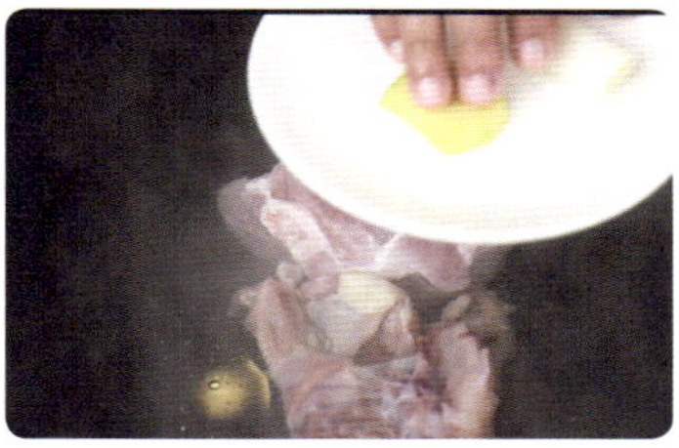
③

④

⑤

⑥

① 将嫩豆腐和青菜切细丝。
② 将姜切细丝。
③ 熬高汤：下入鸡架、筒子骨、葱、姜大火烧开，加入盐、糖调味。
④ 锅入熬好的高汤，下入豆腐丝、发菜和青菜丝。
⑤ 加盐、白糖调味后勾芡。
⑥ 倒入碗中即可。

注意事项

1. 刀工处理要精细。
2. 把控勾芡浓度。

40. 芦蒿烤鸭卷

操作视频

准备材料

主料：烤鸭 300 克

辅料：芦蒿 100 克、威化纸 10 片、蒜 20 克、鸡蛋 2 个

调料：黑椒汁 3 克、蚝油 3 克、盐 3 克、料酒 3 克、白糖 3 克、面包糠 100 克、番茄沙司 10 克

制作步骤

①

②

③

④

⑤

⑥

① 将烤鸭去骨取肉，切成烤鸭粒待用。

② 芦蒿切成 1 厘米的段，蒜切末备用。

③ 锅内下入底油，将蒜末、烤鸭粒、芦蒿煸香，加黑椒汁等调料调好味。

④ 用威化纸把食材包好，先裹上蛋液，再均匀蘸上面包糠。

⑤ 锅烧热，下宽油烧至三四成热，下入制好的鸭卷炸至成熟，捞出沥油。

⑥ 中间摆入番茄沙司即可。

注意事项

1. 把控好油温。
2. 用威化纸包裹食材时，封口处用蛋液黏好，防止散开。

41. 麻香凤尾虾

准备材料

主料：基围虾 500 克
辅料：葱 10 克、姜 10 克、鸡蛋 1 个、白芝麻 200 克
调料：盐 5 克、料酒 5 克、番茄沙司 100 克、生粉 50 克

制作步骤

①

②

③

④

⑤

⑥

① 将虾去头、去壳留尾巴，然后将虾背开，腹部相邻再用刀轻拍成扁状。
② 加入葱、姜、料酒、盐腌制。
③ 将基围虾裹生粉、蛋液、芝麻备用。
④ 锅下宽油，四成油温下入基围虾。
⑤ 炸至外酥里嫩后捞出。
⑥ 把虾炸好后整齐摆入盘四周，中间做点缀，摆上番茄沙司即可。

注意事项

1. 虾在初加工时要开背拍平。
2. 控制炸虾的油温。

42. 石锅蚌肉老豆腐

操作视频

准备材料

主料：老豆腐 350 克、河蚌 200 克、五花肉 100 克
辅料：金花菜 100 克，葱、姜、蒜各 10 克，干辣椒 5 克
调料：猪油 15 克、鸡汁 10 克、老抽 5 克、生抽 10 克、盐 5 克、鸡精 5 克、料酒 10 克

制作步骤

①

②

③

④

⑤

⑥

① 将豆腐切成块状，河蚌切条，五花肉切片，其他辅料切好备用。
② 锅入猪油，下入五花肉片煸香。
③ 下入葱、姜、蒜和干辣椒炒香，下入豆腐、河蚌。
④ 添汤调味烧制 30 分钟后收汁。
⑤ 石锅烧热后垫入金花菜。
⑥ 将菜肴盛入砂锅内，用葱叶点缀即可。

注意事项

1. 把握烹调时间。
2. 蚌肉取出洗净后一定要敲打，破坏其肌肉组织。

43. 白玉烩仔乌

操作视频

准备材料

主料：仔乌 400 克
辅料：白萝卜 200 克、小葱 20 克
调料：盐 5 克、糖 10 克、淀粉 50 克、料酒 10 克、高汤 50 克

制作步骤

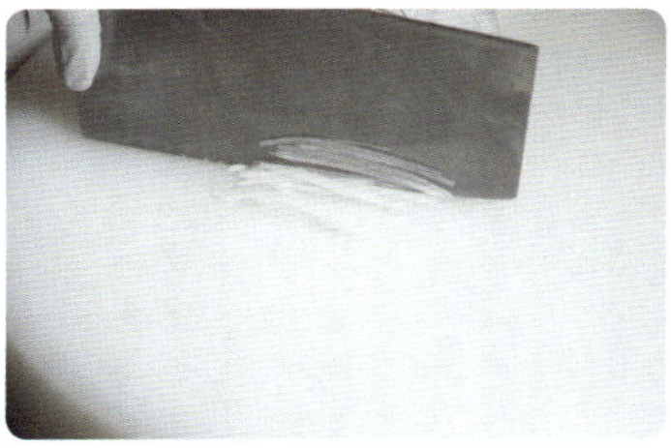
①

②

③

④

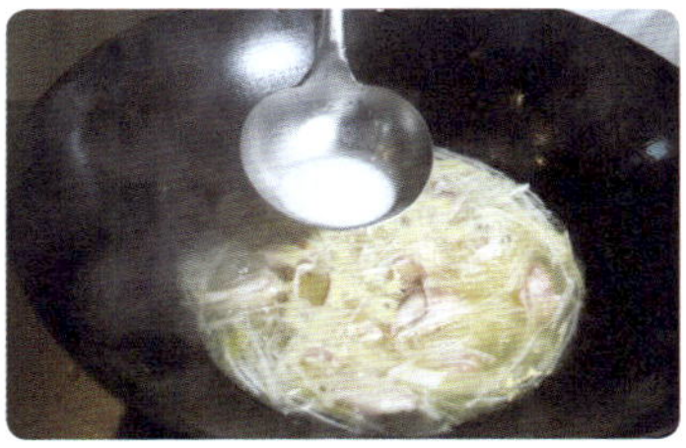
⑤

⑥

① 将仔乌洗净，白萝卜切丝，小葱切末。
② 锅入宽水，加料酒后放入仔乌焯水。
③ 锅入底油，下入白萝卜丝炒匀，加入高汤。
④ 放入仔乌，加入盐、糖调味。
⑤ 烧开，勾薄芡，撒上葱花。
⑥ 装盘即可。

注意事项

把控火候。

代表名菜

44. 孔雀西沙芋

操作视频

准备材料

主料： 荔浦芋头 500 克
辅料： 红豆沙 150 克、黄瓜 200 克、圣女果 100 克
调料： 白糖 100 克、甜桂花酱 100 克、淀粉 15 克

制作步骤

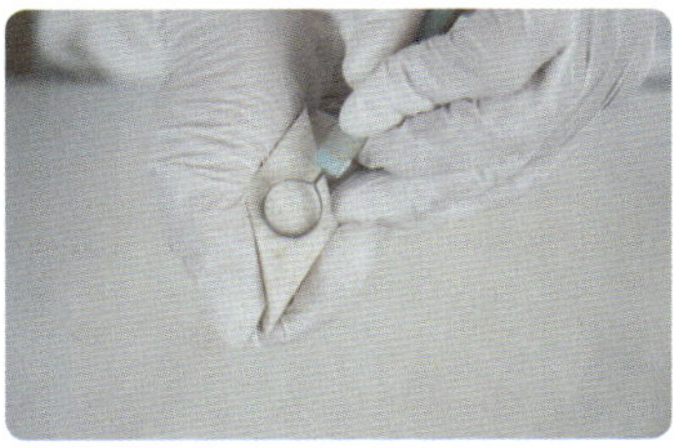
①

②

③

① 将芋头清洗干净去皮，芋头切成菱形块，中间挖个坑填入豆沙，再盖上待用。
② 加工好的芋头蒸制 20 分钟，取出摆入提前用黄瓜、圣女果装饰后的腰盘内。
③ 锅内下入少许水，再放入甜桂花酱、白糖，烧开后勾芡浇淋在芋头上。

注意事项

1. 形状大小要一致。
2. 把控蒸制时间，可根据原料大小调整时间。

45. 金丝虾配油条

操作视频

准备材料

主料：基围虾 300 克
辅料：土豆 500 克、油条 250 克、虾胶 150 克、肥膘肉 100 克、葱 10 克、姜 10 克
调料：沙拉酱 100 克、盐 5 克、料酒 6 克、面粉 100 克、泡打粉 7 克、淀粉 50 克、糯米粉 30 克

制作步骤

①
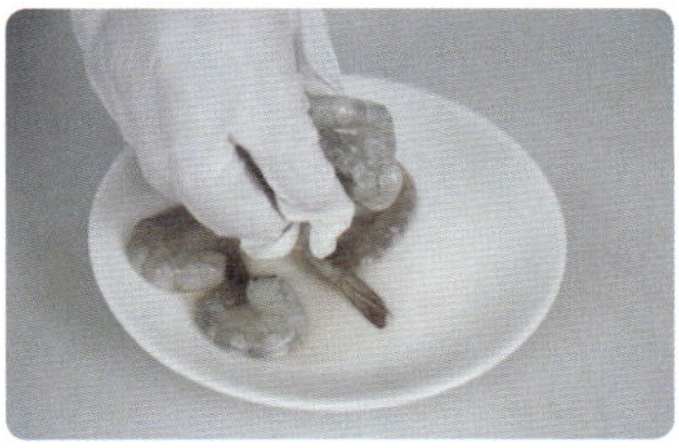
②

③
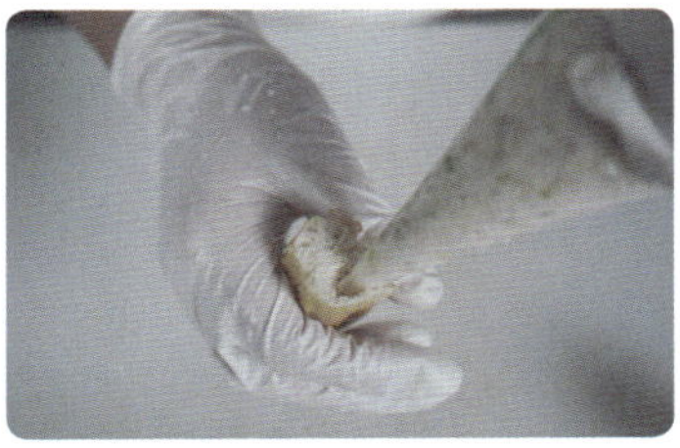
④

⑤

⑥

① 将土豆切成细丝后清洗几遍，沥干水分，在五六成油温中炸至金黄色捞出备用。
② 将基围虾去头、去壳、留尾，清洗干净后加盐、料酒腌制。虾胶放入葱花、料酒、盐拌匀，放入裱花袋内。
③ 油条切段。
④ 从一端挖空填入虾胶。
⑤ 在四五成油温中炸至金黄色取出。
⑥ 虾挂糊后在五六成油温中炸至金黄取出，外面裹上沙拉酱，再沾上金丝摆入盘中。

注意事项

1. 土豆丝要大小均匀，炸时水分要沥干。
2. 要掌握调糊的顺序。

46. 锦绣鳜鱼丝

操作视频

准备材料

主料： 鳜鱼 750 克
辅料： 香菇 100 克、火腿 100 克、冬笋 100 克、葱 50 克
调料： 盐 6 克、料酒 10 克、白糖 3 克、胡椒粉 3 克、淀粉 2 克

制作步骤

①

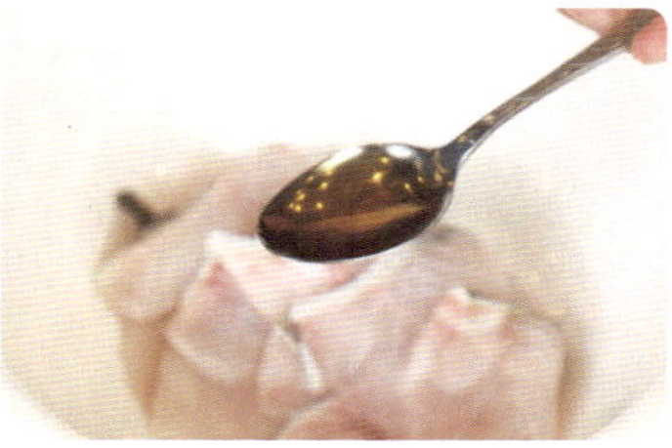

②

③

④

⑤

⑥

① 将鱼头、鱼尾调味腌制后上锅蒸 6 ～ 7 分钟取出。
② 将鳜鱼取肉加盐、料酒调味腌制。
③ 将火腿、香菇、冬笋切丝卷入鱼肉中。
④ 将卷好的鱼肉上锅蒸熟后淋上色拉油。
⑤ 锅下底油，下入葱花、清汤，加盐、胡椒粉、白糖调味后勾芡。
⑥ 淋在摆好造型的鱼上即可。

注意事项

1. 鱼肉在卷制过程中须紧实，避免制熟过程中散开。
2. 切丝要厚薄均匀。

47. 双黄豆腐

操作视频

准备材料

主料： 嫩豆腐 500 克

辅料： 咸鸭蛋黄 100 克、蟹黄 100 克、小葱 50 克、生姜 50 克

调料： 盐 6 克、鸡汁 5 克、猪油 50 克、淀粉 2 克

制作步骤

①

②

③

④

⑤

⑥

① 将嫩豆腐取出，改刀成大小均匀的丁状焯水调味。

② 将咸鸭蛋黄蒸熟后取出压碎，葱、姜切末。

③ 锅入猪油，下入葱、姜炒香，再下入双黄炒香。

④ 加入清汤，下入主料，加盐、鸡汁调味烧制 5 分钟入味。

⑤ 勾芡拌匀。

⑥ 装入盘中。

注意事项

1. 不能在锅内来回搅动豆腐。

2. 掌握勾芡的稀稠度。

48. 双色鱼圆

操作视频

准备材料

主料： 草鱼 1500 克
辅料： 菜心 200 克、菠菜汁 50 克、葱 10 克、姜 5 克
调料： 盐 3 克、白胡椒粉 3 克、水淀粉 5 克

制作步骤

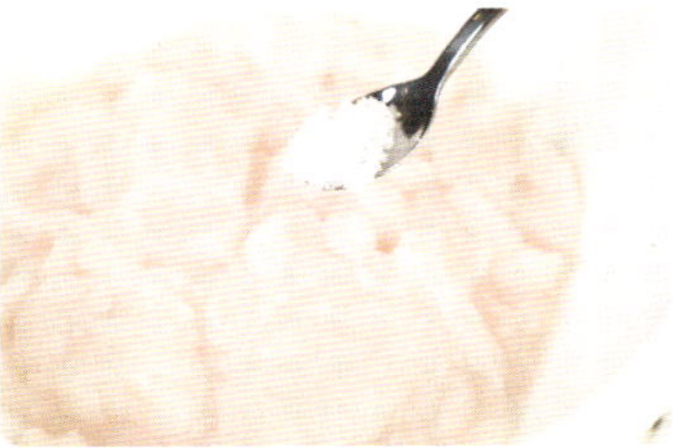
①

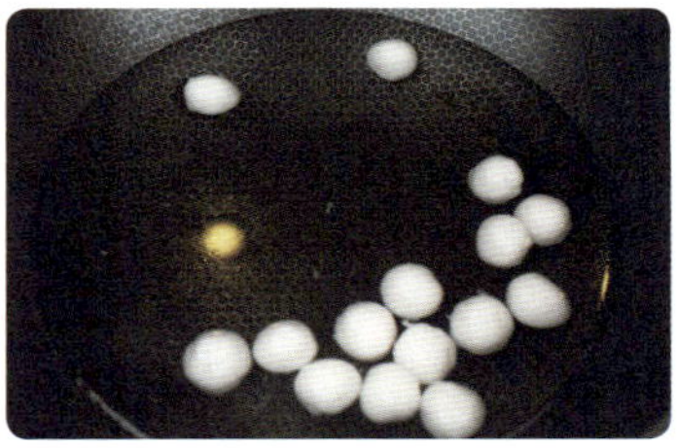
②

③

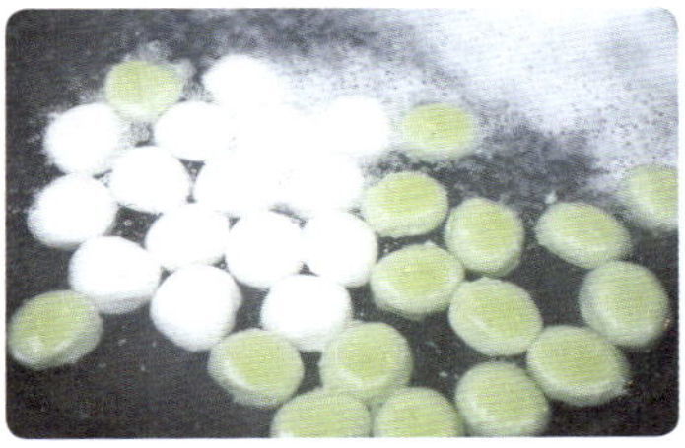
④

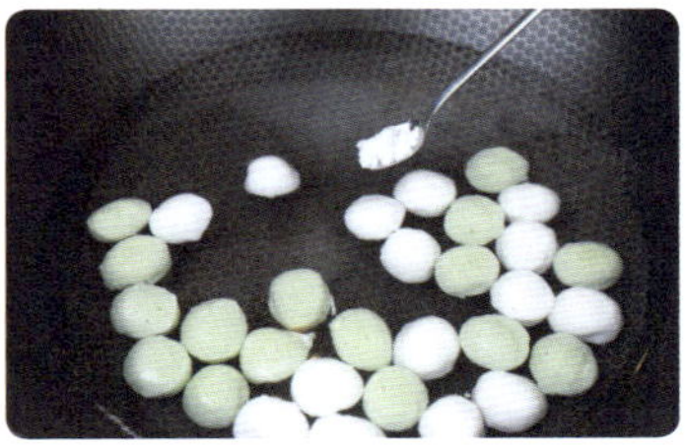
⑤

⑥

① 将草鱼宰杀初加工洗净，取净肉打成鱼茸后，加盐、水淀粉、油调味上劲。
② 将一半鱼茸挤成大小一样的鱼丸，冷水下锅。
③ 剩下一半的鱼茸加入菠菜汁搅匀。
④ 将挤好的鱼丸下入锅中氽煮成熟。
⑤ 加盐、胡椒粉调味。
⑥ 装入汤碗中，加入焯水后的菜心装饰即可。

注意事项

1. 净鱼肉要漂洗血水。
2. 上劲搅拌要顺着一个方向。
3. 鱼丸一定要冷水下锅。

49. 彩色鱼夹

准备材料

主料：鲈鱼 600 克
辅料：菜心 100 克、香菇 100 克、方腿 100 克、小葱 50 克
调料：盐 10 克、白糖 5 克、料酒 10 克、淀粉 10 克

制作步骤

①

②

③

④

⑤

⑥

① 鲈鱼取净鱼肉，切片后加入盐、料酒、淀粉、色拉油腌制上浆。将香菇切片，方腿切片，菜心焯水。
② 鱼片和香菇、方腿片相互交错放好，摆入盘中。
③ 上锅蒸 5 ～ 6 分钟取出。
④ 小葱切末，净锅入底油，加入小葱末炒香，添清汤后加入盐、糖调味，加入水淀粉勾芡。
⑤ 鱼头尾腌制后放入盘中前后两端，上锅蒸 6 分钟取出，中间码上蒸好的鱼片，摆上焯好水的菜心。
⑥ 浇上咸鲜白汁即可成菜。

注意事项

1. 鱼片的厚薄度要均匀，以 0.3 ～ 0.4 厘米为宜。
2. 把握好蒸制的时间。

50. 清风三虾

操作视频

准备材料

主料： 河虾 1000 克
调料： 淀粉 5 克、盐 5 克、料酒 5 克、色拉油 2 克、胡椒粉 2 克

制作步骤

①

②

③

④

⑤

⑥

① 将河虾去壳取虾肉、虾脑、虾籽。
② 虾仁放入盐、胡椒粉、料酒调味后搅拌均匀，再放入色拉油、淀粉拌匀。
③ 锅烧热，入宽油烧至三四成热。
④ 下入虾仁滑散捞出。
⑤ 虾仁入锅，下入虾脑、虾籽翻炒均匀。
⑥ 出锅装盘即可。

注意事项

1. 河虾的初加工要精细。
2. 控制油温。

51. 水乡扣肉

准备材料

主料： 焖肉 500 克、芋头 3000 克
辅料： 虾仁 80 克、茨菇 159 克、芡实 30 克、菜心 80 克、青豌豆 10 克
调料： 生粉 10 克、盐 3 克

制作步骤

①

②

③
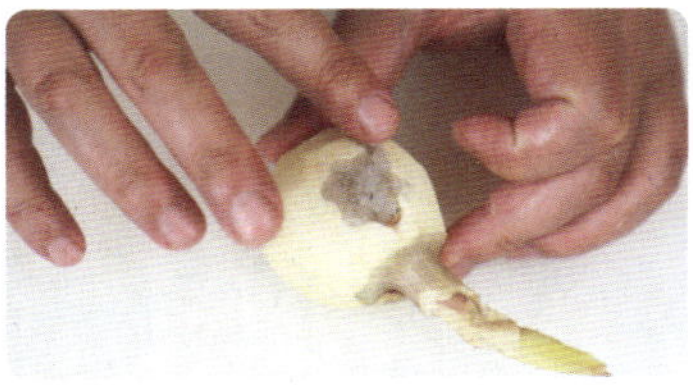
④

⑤
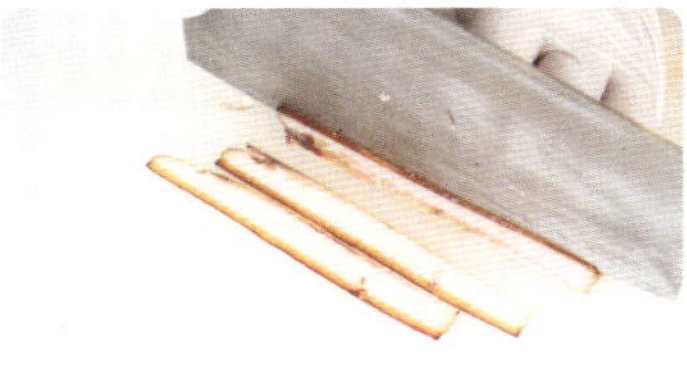
⑥

⑦

⑧

⑨

① 将芋头刻成椭圆状，剩余的蒸熟后捣烂调味。
② 将虾仁剁碎、调味。
③ 菜心修成三角形。
④ 茨菇去皮挖空填入虾茸，加上两粒豌豆和芡实后蒸熟。
⑤ 芋头环炸至金黄色后捞出备用。
⑥ 焖肉切薄片。
⑦ 盖在芋环上，中间放入芋泥后，修整形状，反扣在盘中。
⑧ 上笼蒸 15 分钟酥烂后取出，四周摆上茨菇和菜心。
⑨ 肉汁勾芡后浇在菜肴上即可。

注意事项

1. 芋头刻好后要入油锅炸至上色。
2. 把控蒸制时间。

52. 三白狮子头

操作视频

准备材料

主料：白鱼 750 克、银鱼 250 克、白虾 400 克

辅料：菜心 100 克、猪肥膘 150 克、枸杞 5 克、马蹄 50 克、鸡蛋一个（50 克左右）、葱 30 克、姜 50 克

调料：盐 3 克、料酒 20 克、白胡椒粉 2 克、生粉 10 克

制作步骤

①

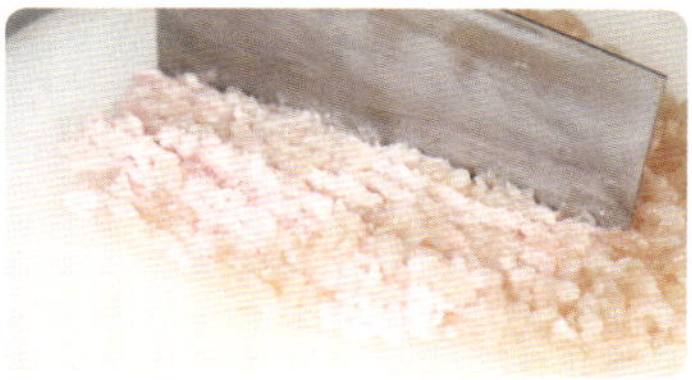

②

③

④

⑤

⑥

⑦

⑧

⑨

① 将白鱼宰杀，取带鱼皮的鱼肉，用刀背砸碎取下。

② 马蹄去皮、切末，虾取虾仁，银鱼洗净，虾仁、银鱼、肥膘肉剁碎。

③ 先加盐、胡椒粉、料酒拌匀上劲，再加蛋清、生粉拌匀，最后加入马蹄拌匀。

④ 锅放水烧开，调微火加葱、姜、料酒、盐，将原料挤成大丸子入锅定形。

⑤ 锅入底油。

⑥ 下入鱼骨、头、尾、葱、姜吊汤。

⑦ 捞出杂质取高汤，下入狮子头。

⑧ 加入盐、料酒、白胡椒粉调味，放入焯好水的菜心、枸杞。

⑨ 将鱼汤放入盅内，加入狮子头即可。

注意事项

1. 鱼肉要处理干净，不能有刺。

2. 生粉不宜多。

53. 黄焖鳗

秋冬时节，在苏州的菜谱中有三大黄焖菜广为流传：黄焖河鳗、黄焖栗子鸡、黄焖甲鱼。这三道黄焖菜之所以这么有名，主要是烹饪工艺精湛，口味突出。其中黄焖河鳗是苏州名厨陈阳八在 19 世纪末创制的一道名菜，鳗鱼皮肥而肉嫩质细腻、软糯。

操作视频

准备材料

主料： 鳗鱼 600 克

辅料： 上海青 750 克（装饰用，可选）、肥膘 150 克、蒜仔 30 克、姜 20 克、大葱和小葱各 5 克、洋葱 100 克

调料： 盐 10 克、冰糖 5 克、胡椒粉 2 克、麻油 2 克、生抽 10 克、蚝油 5 克、海鲜酱 3 克、老抽 20 克、黄酒 3 克、鸡精 5 克

制作步骤

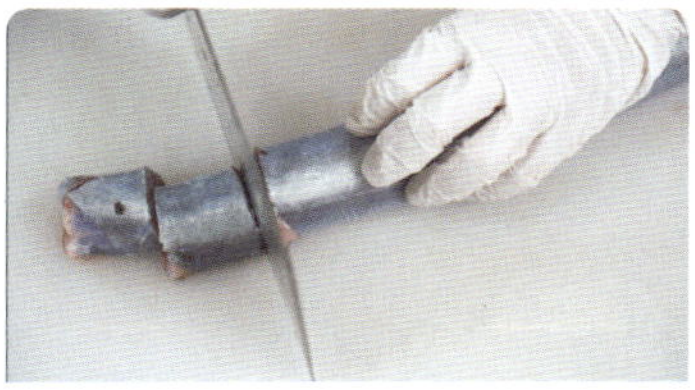

①

②

③

④

⑤

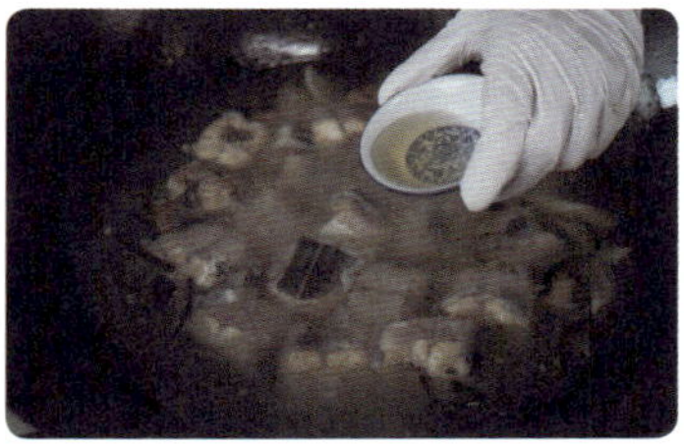

⑥

① 将鳗鱼宰杀去内脏，用开水将表面黏液略烫后洗净。
② 鳗鱼改刀成段状，加入葱、姜、盐、老抽、鸡精、黄酒、生抽腌制。
③ 入锅焯水捞出。
④ 锅入底油，下入肥膘炒出油，加入蒜仔、姜、葱、洋葱炒香。
⑤ 下入腌制好的鳗鱼，加入清水烧制。
⑥ 放入黄酒、盐、冰糖、胡椒粉、鸡精、生抽、蚝油、海鲜酱、老抽、麻油烧至入味，最后摆盘，用焯水后的上海青装饰即可。

注意事项

1. 把握好汤汁的浓稠度。
2. 调色是关键，要把控好。

54. 荷香红菱鳜鱼

操作视频

准备材料

主料： 鳜鱼 500 克
辅料： 红菱 20 克、银杏 10 克、莲子 10 克
调料： 盐 3 克、淀粉 5 克、油 500 克、糖 2 克、生姜 3 克、葱 2 克、料酒 3 克

制作步骤

①

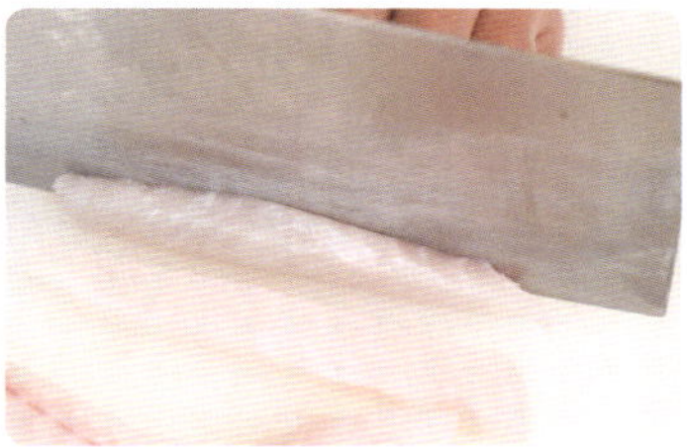

②

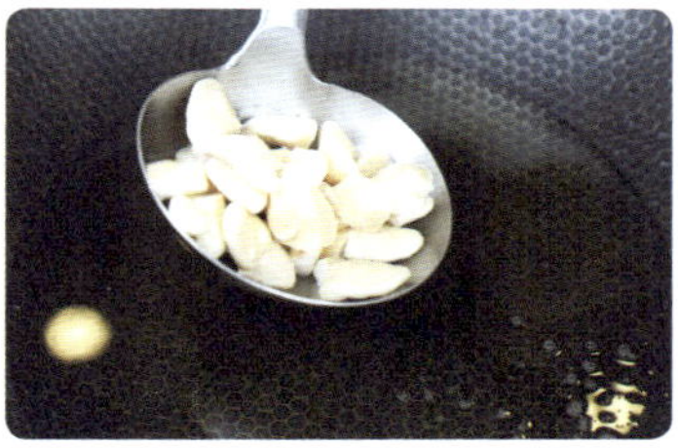

③

④

⑤

⑥

① 将鳜鱼宰杀、洗净后取净肉。
② 将鱼肉取菱形块码味腌制上浆。
③ 将红菱、银杏、莲子滑熟。
④ 三成油温将鱼肉滑散。
⑤ 锅入底油，下小料炒香，添汤、调味、勾芡后下食材翻炒均匀。
⑥ 淋油装盘即可。

注意事项

1. 色泽要清爽。
2. 把控好勾芡。

55. 茭白南风蒸黄颡鱼

操作视频

准备材料

主料： 黄颡鱼 500 克
辅料： 南风肉 100 克、茭白 100 克、姜 3 克、葱 2 克
调料： 盐 20 克、鸡精 6 克、胡椒粉 2 克、猪油 5 克、料酒 3g、淀粉 2 克

制作步骤

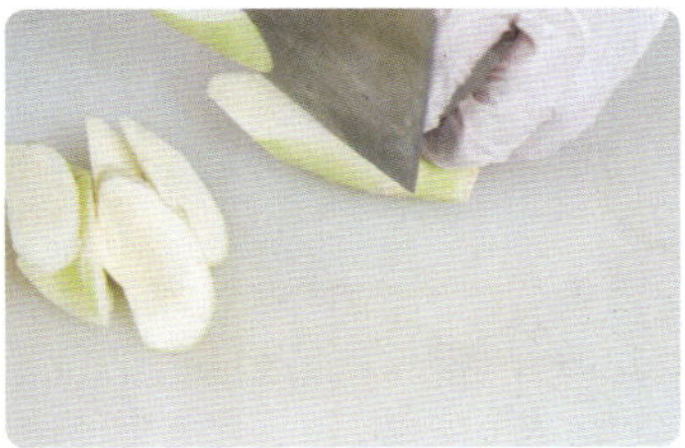
①

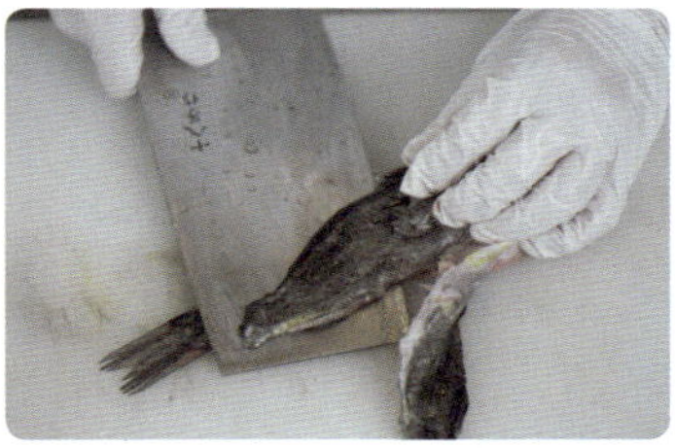
②

③

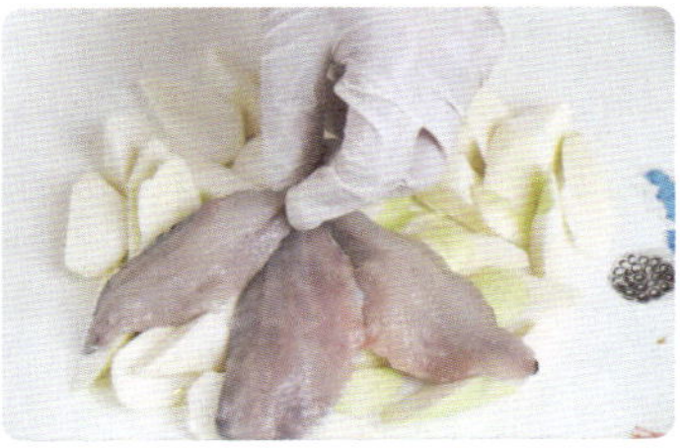
④

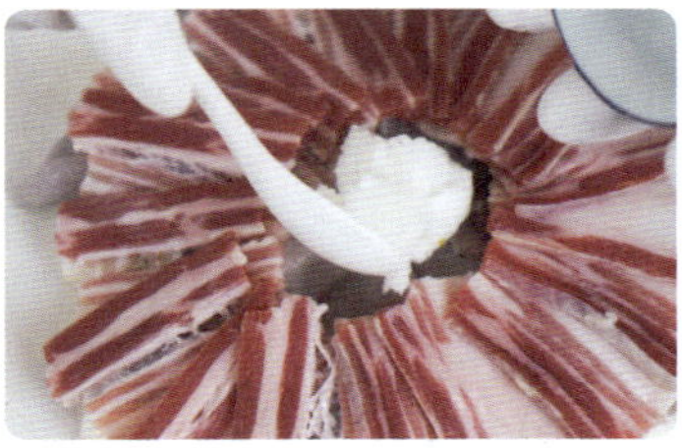
⑤

⑥

① 将茭白去皮改刀切滚刀块，南风肉改刀切片。
② 将黄颡鱼宰杀初加工处理干净，改刀取净鱼肉片洗净备用。
③ 鱼肉片加盐、鸡精、胡椒粉、姜片、料酒、淀粉拌匀，腌制上浆静置 15 分钟。
④ 将茭白垫底，摆上黄颡鱼片，再摆上南风肉片。
⑤ 放上猪油、姜片、鸡精、胡椒粉。
⑥ 上蒸笼蒸至成熟后取出（约 15 分钟），点缀葱花即可。

注意事项

1. 鱼片的厚薄度要均匀。
2. 把控好鱼肉的上浆调制。

56. 鹅掌裙边

操作视频

准备材料

主料： 甲鱼裙边 250 克、鹅掌 250 克

辅料： 京葱 5 克、葱 2 克、姜 3 克、蒜 10 克、白芷 1 克、八角 2 颗、桂皮 2 克、干辣椒 2 克

调料： 盐 3 克、冰糖 3 克、鸡精 3 克、老抽 3 克、胡椒粉 2 克、料酒 3 克、生抽 3 克、香油 3 克、糖色 5 克

制作步骤

①

②

③

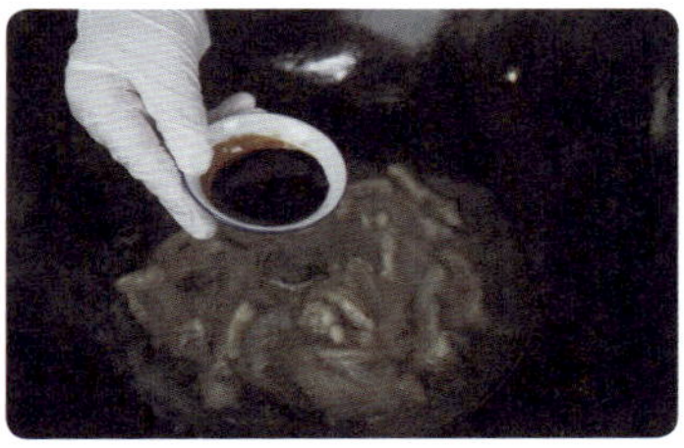
④

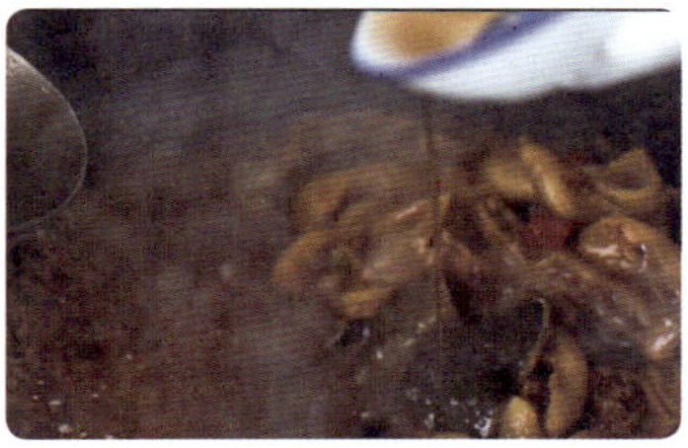
⑤

⑥

① 将甲鱼裙边洗净切菱形块，鹅掌改刀。
② 锅下宽水，下入料酒后放入葱、姜、鹅掌和裙边焯水备用。
③ 锅下底油，下入葱、姜、蒜煸香，放入鹅掌、裙边翻炒后加入高汤。
④ 加老抽、料酒、干辣椒等调料和香料调味，烧至入味。
⑤ 淋香油拌匀。
⑥ 盛入器皿中，用小葱装饰。

注意事项

1. 烧制时把握菜品的调色程度。
2. 把控好菜品的烹调时间。

57. 香煎刀鱼馄饨

操作视频

准备材料

主料：刀鱼 180 克、前夹肉馅 250 克
辅料：馄饨皮 120 克、鸡蛋 100 克、小葱 15 克、姜 10 克
调料：盐 5 克、料酒 10 克、胡椒粉 10 克、香油 5 克

制作步骤

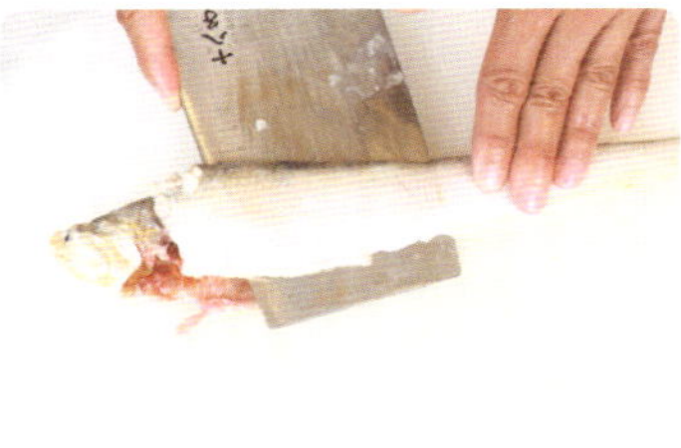
①

②

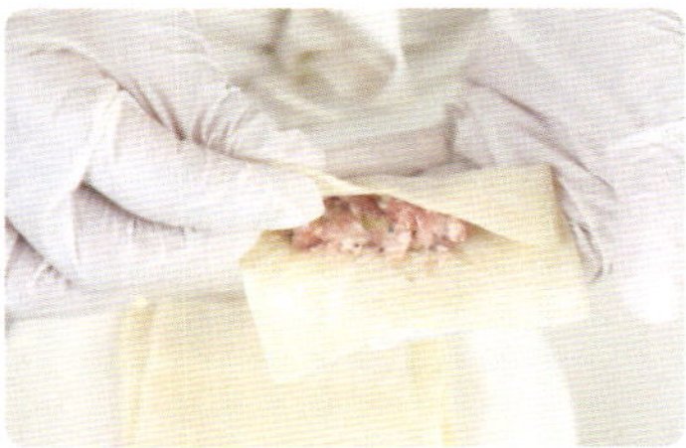
③

④

⑤

⑥

① 将刀鱼清理干净，改刀取净鱼肉、剁碎，姜切末，葱切末。
② 将前夹肉馅加入刀鱼肉末中，加入葱、姜末及调味料，搅拌均匀。
③ 把肉末包入馄饨皮中。
④ 把包好的馄饨放入沸水锅中煮熟。
⑤ 锅入底油，下入馄饨煎至金黄色。
⑥ 加入鸡蛋液煎至金黄色即可。

注意事项

1. 控制好煎制的火候。
2. 形状要保持完整。

58. 传统秘制桂花虎皮肉

操作视频

准备材料

主料： 五花肉 1500 克
辅料： 姜 4 克、葱 15 克、八角 2 克、桂花 10 克
调料： 盐 5 克、冰糖 50 克

制作步骤

①

②

③

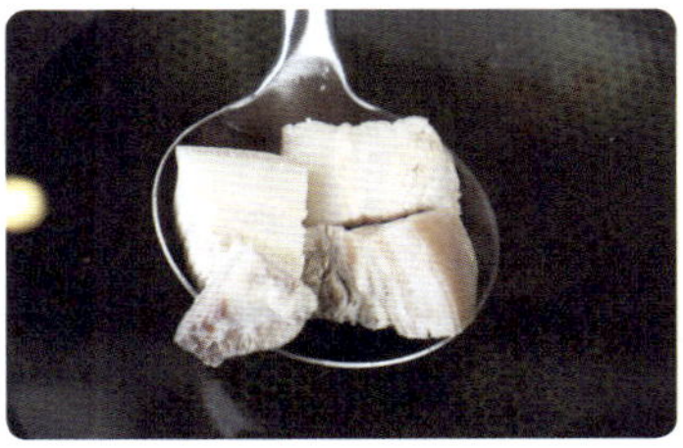
④

⑤

⑥

① 将五花肉改刀成块，生姜切片。
② 锅入宽水，加入葱、姜。
③ 下入五花肉焯水捞出。
④ 锅入宽油，下入五花肉炸至表面金黄色，捞出备用。
⑤ 锅入水，下入五花肉、桂花、八角、盐、冰糖炖煮。
⑥ 收汁至浓稠，装盘淋上汤汁即可。

注意事项

控制好油温和火候。

59. 南乳焖河鳗

操作视频

准备材料

主料： 河鳗 600 克
辅料： 葱 2 克、姜 5 克、蒜 3 克
调料： 南乳汁 150 克、红曲粉 20 克、糖 50 克、鸡精 10 克、味极鲜 20 克、老抽 10 克

制作步骤

①

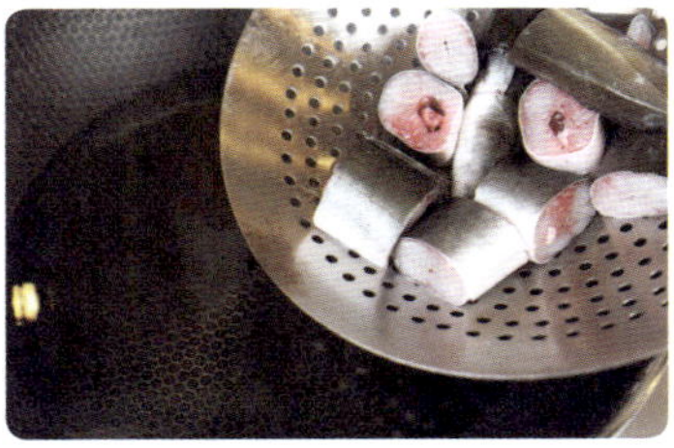

②

③

④

⑤

⑥

① 将河鳗宰杀去内脏，黏液洗净备用。
② 起锅烧油，将河鳗段过油。
③ 锅入底油，下葱、姜、蒜炒香，添清汤放入河鳗。
④ 调味加入南乳汁。
⑤ 加入味极鲜、老抽、糖、红曲粉等后焖煮入味。
⑥ 将河鳗取出摆盘，留汤汁勾芡后浇在河鳗上。

注意事项

1. 把控好火候。
2. 把控好色泽和口味。

60. 香椿头煎鸭蛋

准备材料

主料：香椿头 150 克、鸭蛋 180 克
辅料：红椒 50 克
调料：盐 3 克、鸡精 1 克、料酒 3 克

制作步骤

①

②

③

④

⑤

⑥

① 将红椒切粒，鸭蛋打入碗中搅散，香椿头焯水后切末。
② 蛋液中加入红椒碎。
③ 加入香椿头末。
④ 加调料调味搅拌均匀。
⑤ 起锅滑油后，放入调制好的鸭蛋液。
⑥ 煎至两面金黄色即可。

注意事项

1. 保持形状完整。
2. 掌控火候。

61. 灯影斜塘藕片

操作视频

准备材料

主料： 莲藕 300 克、肉酱 50 克、虾仁 25 克

辅料： 鸡蛋 50 克

调料： 红糖 20 克、食用碱 5 克、盐 3 克、鸡精 1 克、红曲粉 5 克、生粉 15 克、浙江红醋 20 克、胡椒粉 2 克、糖 10 克、料酒 3 克

制作步骤

①

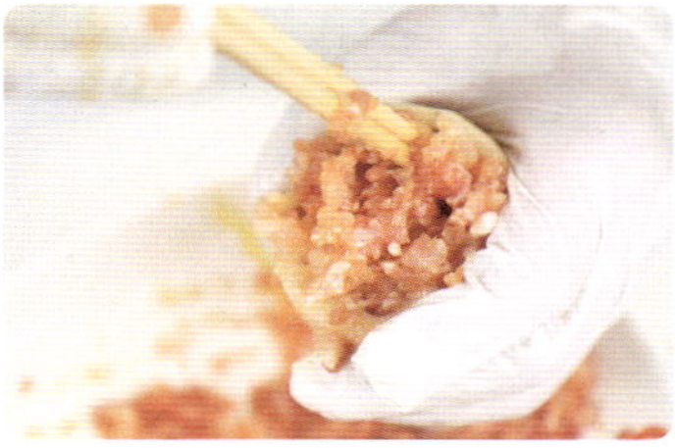

②

③

④

⑤

⑥

① 将虾仁剁碎。

② 在肉酱和虾肉中加入鸡蛋黄、鸡精、盐、胡椒粉拌匀，将虾肉酱塞入藕洞，上笼蒸 3 分钟后备用。

③ 起锅下入藕、红糖、浙江红醋、红曲粉、糖、盐、料酒、食用碱，开锅后转小火焖 45 分钟。

④ 将熟藕切片（1 ～ 5 厘米厚）码入盘中。

⑤ 锅中汤汁勾芡。

⑥ 将芡汁淋在藕片上。

注意事项

把控好勾芡的稀稠度。

62. 蟹粉三丝莼菜羹

操作视频

准备材料

主料： 蟹粉 100 克、莼菜 100 克
辅料： 冬笋 25 克、火腿 20 克、香菇 50 克、姜茸 10 克
调料： 盐 3 克、生粉 15 克

制作步骤

①

②

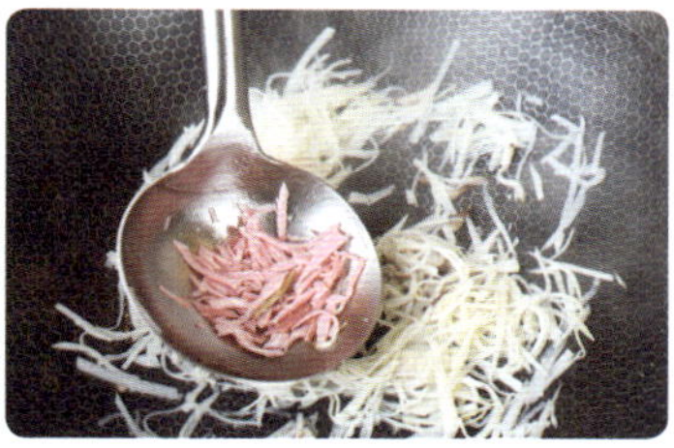
③

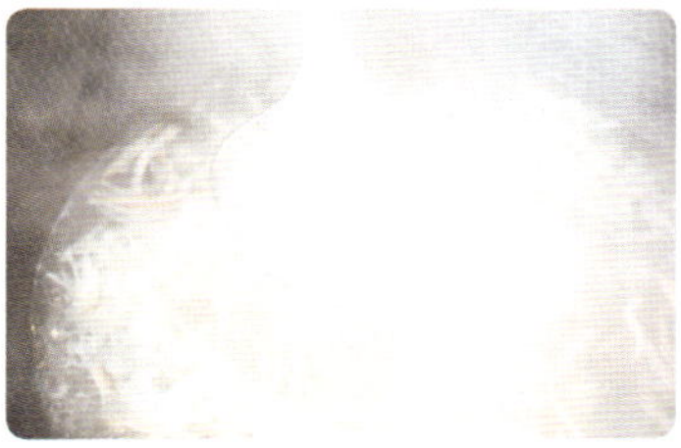
④

⑤

⑥

① 将冬笋、香菇、火腿切丝，香菇、冬笋、莼菜焯水。
② 锅入底油，加入姜茸炒香，下入冬笋丝。
③ 加入火腿丝、香菇丝。
④ 加入清汤，加盐调味勾芡倒入碗中。
⑤ 锅入底油，加入姜茸炒香，下入蟹粉炒香。
⑥ 蟹粉添汤调味，勾芡后放入汤碗内，加入莼菜即可。

注意事项

1. 调味要准确，掌控好火候。
2. 出锅前淋上芡汁，会使菜肴更润滑、更爽口。

63. 脆皮粉蒸肉

操作视频

准备材料

主料：五花肉 500 克
辅料：糯米纸 15 张、葱 6 克、姜 3 克
调料：蒸肉粉 200 克、胡椒粉 5 克、豆瓣酱 5 克、生抽 5 克、老抽 5 克、香油 5 克

制作步骤

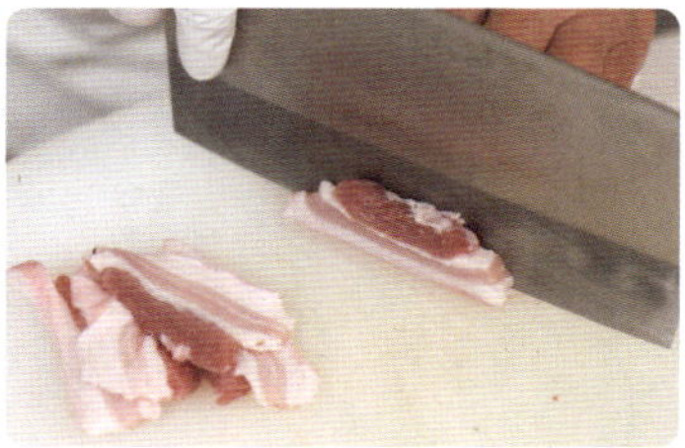
①

②

③

④

⑤

⑥

① 将五花肉切片。
② 姜切末、葱切末备用。
③ 五花肉加入调料码味。
④ 加入蒸肉粉拌匀后上锅蒸 40 分钟。
⑤ 将肉片用糯米纸包好，裹上脆皮糊，五成油温炸至金黄，捞出控油。
⑥ 出锅摆盘即可。

注意事项

1. 要选五香蒸肉粉。
2. 要选用新鲜的五花肉。

64. 彭祖脆皮鸡

操作视频

准备材料

主料： 老鸡 1000 克

辅料： 菜心 50 克、姜 5 克、蒜 6 克、八角 5 克、桂皮 5 克、香叶 3 克、草果 8 克、香果 10 克、良姜 10 克、枸杞 5 克、小茴香 5 克、丁香 5 克

调料： 盐 5 克、料酒 3 克、胡椒粉 5 克、麦芽糖 15 克、鸡粉 10 克、香油 4 克、糖 6 克、十三香 5 克

制作步骤

①

②

③

④

⑤

⑥

① 主料初加工、洗净后放入锅中，加料酒焯水，再放入汤桶内。

② 锅入底油，下入香料炒香，放入汤桶内。

③ 添汤调味制成卤汤，将主料卤熟待用。

④ 将菜心切碎后走油捞出。

⑤ 主料冷却后挂脆皮水，炸至脆皮上色。

⑥ 将主料改刀斩块后装盘即可。

注意事项

1. 控制火候。

2. 油温要准确。

65. 落地飘香藕

操作视频

准备材料

主料：莲藕 1200 克
辅料：青豆 150 克、河虾 300 克、秋葵 260 克
调料：盐 3 克、白胡椒 5 克、白糖 5 克、料酒 5 克

制作步骤

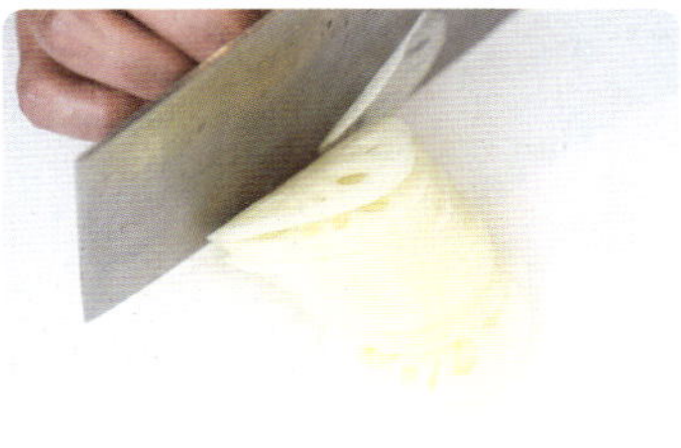
①

②

③

④

⑤

⑥

① 将藕切成薄片。
② 锅入水，放入油和盐，将莲藕焯水。
③ 下入秋葵焯水。
④ 锅下宽油，下入河虾炸熟后捞起，青豆过油，另起锅放入青豆、虾翻炒后加盐、白糖、白胡椒、料酒调味。
⑤ 秋葵改刀摆盘。
⑥ 装盘即可。

注意事项

1. 青豆焯水时间不宜过长，要保持碧绿。
2. 选 7 孔莲藕。

66. 扬州香草鸡

准备材料

主料： 老母鸡 1500 克

辅料： 圣女果 150 克、黄瓜 200 克、猕猴桃 400 克、八角 3 克、香叶 3 克、桂皮 3 克、丁香 3 克、香果 5 克、良姜 8 克

调料： 盐 5 克、糖 5 克、胡椒粉 3 克、料酒 5 克

制作步骤

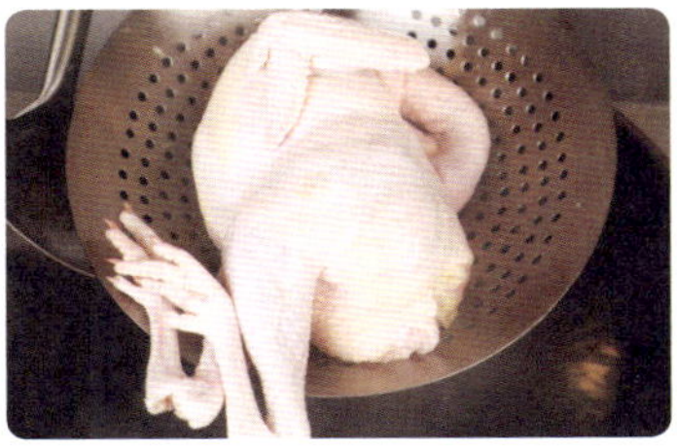

①

②

③

④

⑤

⑥

① 主料初加工洗净后焯水。
② 锅下底油，下入香料炒香，加入汤汁调味。
③ 鸡肉下入卤汤中煮熟，捞出待用。
④ 锅下宽油，烧至五六成热时下入鸡肉，炸至表皮金黄色捞出。
⑤ 鸡肉改刀切块，整齐摆入盘中。
⑥ 黄瓜、猕猴桃切片摆在四周，最后用圣女果装饰。

注意事项

1. 把控卤汁色泽。
2. 鸡肉切块要均匀。

67. 红烧鹅爪翅

操作视频

准备材料

主料：鲜鹅 200 克、鲜鹅爪 150 克、鲜鹅翅 150 克
辅料：大葱 100 克、八角 5 克、桂皮 5 克、香叶 5 克、大蒜 10 克、姜 5 克
调料：老抽 80 克、盐 5 克、糖 5 克、生抽 30 克、淀粉 10 克、鸡精 5 克、料酒 5 克、蚝油 10 克

制作步骤

①

②

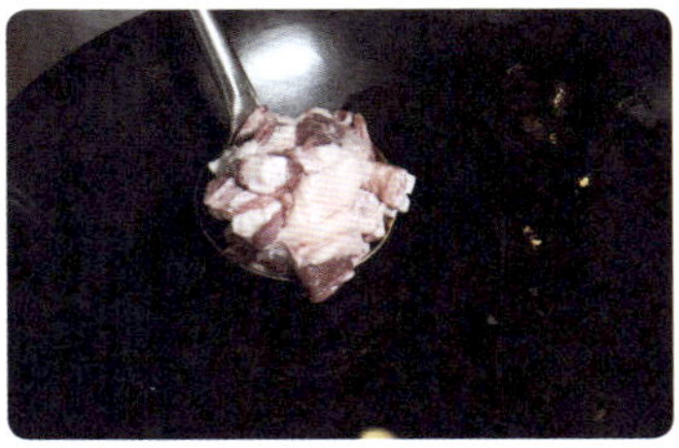
③

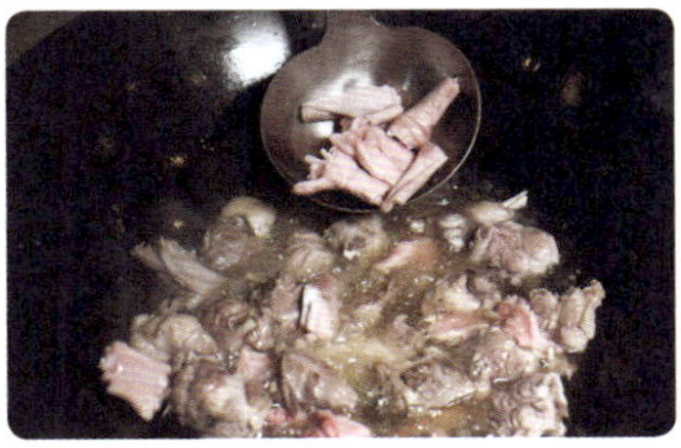
④

⑤

⑥

① 将所有主料剁成块。
② 将姜切片，大葱切段。
③ 锅下底油，下入主料炒出油脂，加入八角、桂皮、香叶、姜、大蒜炒香。
④ 加入生抽、老抽均匀上色，加入清水烧沸，调入盐、糖、蚝油、料酒等调味后焖熟。
⑤ 盘中大葱段垫底，倒入主料。
⑥ 成菜。

注意事项

1. 把控火候。
2. 鹅块的大小要尽量一致。

68. 青苹果八宝饭

操作视频

准备材料

主料： 青苹果 500 克
辅料： 葡萄干、蔓越莓、青红丝、枸杞、红枣干、核桃干各 30 克，糯米 250 克
调料： 白糖 150 克、猪油 100 克

制作步骤

①

②

③

④

⑤

⑥

① 将所有干果改刀切粒备用。
② 糯米淘洗干净后蒸熟待用。
③ 将切碎的原料加入蒸熟的糯米中，加猪油、白糖拌匀待用。
④ 将青苹果中间挖空。
⑤ 把拌匀的馅料酿入青苹果中。
⑥ 将酿好的青苹果放入蒸笼，上汽蒸 8 分钟即可。

注意事项

1. 酿入馅料时，不可压得太实。
2. 把控蒸制的时间。

69. 百叶包肉

操作视频

准备材料

主料：薄百叶 300 克
辅料：咸肉 100 克、白菜 100 克、肉馅 200 克
调料：盐 8 克、料酒 10 克、胡椒粉 10 克

制作步骤

①

②

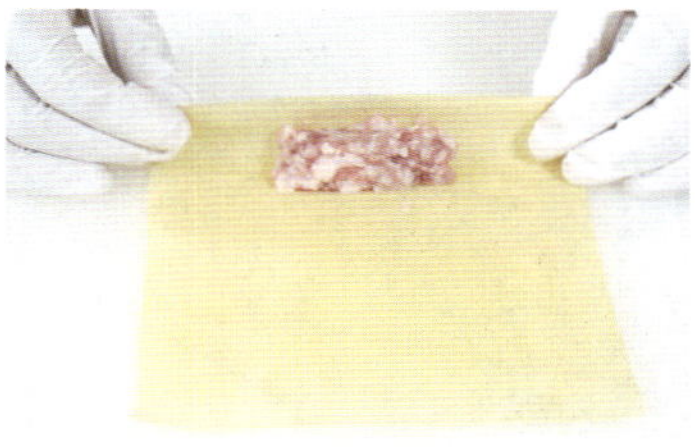
③

④

⑤

⑥

① 将肉馅加入盐、料酒、胡椒粉，抓匀入味。
② 白菜、咸肉改刀切片。
③ 将肉馅包入百叶中用线扎紧。
④ 锅入油，下入白菜、咸肉炒一下，加入清水。
⑤ 下入包好的百叶，中小火炖至成熟。
⑥ 倒入砂锅中即可。

注意事项

1. 百叶包肉的形状要大小均匀。
2. 掌握火候，要中小火慢炖。

70. 酱麻油水芹

操作视频

准备材料

主料： 水芹 400 克
辅料： 青椒 20 克、红椒 20 克、京葱 50 克
调料： 盐 5 克、麻油 5 克、美极鲜 40 克、蒸鱼豉油 10 克、老抽 5 克、白糖 5 克、鸡精 5 克

制作步骤

①

②

③

① 葱切丝，青椒、红椒切丝备用。锅中加水，加入所有调料后小火烧开，装入大碗中。
② 锅中加水，放入色拉油、盐和白糖烧开，下入水芹焯水，整齐捞出装盘。
③ 淋上调好的料汁，再将青红椒、京葱丝放在水芹上，锅中加油烧至六成热，浇在葱丝上即可。

注意事项

1. 料汁的准确调制。
2. 把控水芹焯水时间，并要保持整形。

71. 品客芙蓉蟹

操作视频

准备材料

主料：蟹粉 150 克
辅料：鸡蛋 2 个、原味薯片 10 克、小葱 50 克、姜末 50 克
调料：盐 5 克、生粉 80 克、料酒 20 克、白胡椒粉 10 克、陈醋 3 克

制作步骤

①

②

③

④

⑤

⑥

① 取蛋清加水、生粉调匀。
② 晾锅加宽油，三四成热时下入调好的蛋清，轻推手勺，待蛋液凝固时取出沥油（芙蓉制作完成）。
③ 把制作好的芙蓉浸泡在冷水中待用。
④ 锅下底油，放入蟹粉、小葱、姜末煸香，烹入料酒，加少许清水后加盐、白糖、陈醋、白胡椒粉调味。
⑤ 取沥好水的芙蓉小火烧汁，勾芡，出锅前淋明油，装盘。
⑥ 撒入葱花，四周围上原味薯片即可。

注意事项

1. 把握好芙蓉蛋液的调配比例。
2. 掌握油温。

72. 老鸡汤珍菌炖千张

准备材料

主料： 老母鸡 1500 克

辅料： 羊肚菌 30 克、荸荠 30 克、姬松茸 20 克、鸡腿菇 30 克、千张 300 克、五花肉 600 克、葱段 20 克、姜 20 克、枸杞 3 克

调料： 盐 3 克、胡椒粉 5 克、鸡精 3 克、冰糖 10 克、鸡汁 15 克

制作步骤

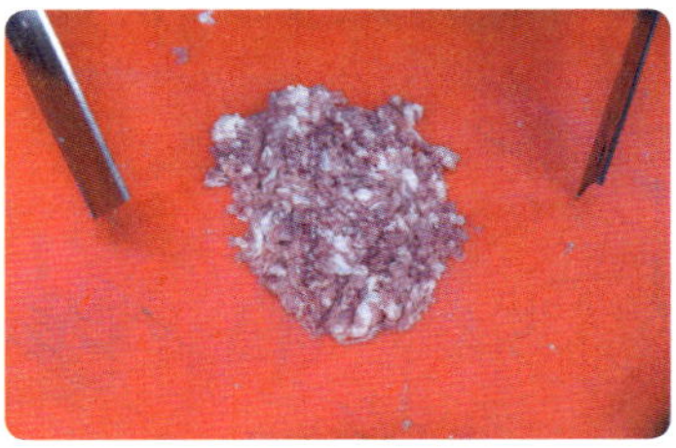
①

②

③

④

⑤

⑥

① 将所有辅料切成末，老母鸡加葱、姜炖煮。
② 将辅料搅拌均匀后放入千张上。
③ 将千张卷好，用小葱系好。
④ 锅放少量油，放入葱、姜和千张，下入鸡汤煮制调味。
⑤ 碗中放枸杞后摆入千张。
⑥ 加入汤汁即可。

注意事项

1. 食材搭配要合理。
2. 汤中油量不宜过大。

73. 咸蛋黄狮子头

操作视频

准备材料

主料： 五花肉 500 克
辅料： 咸蛋黄 4 个，马蹄 100 克，基围虾 200 克，葱、姜各 20 克
调料： 盐 5 克、鸡精 5 克、糖 10 克、淀粉 20 克、鸡汁 15 克、料酒 30 克

制作步骤

①

②

③

④

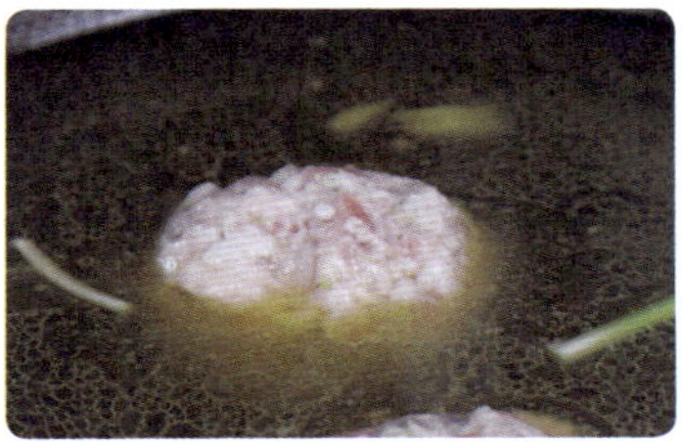
⑤

⑥

① 将咸蛋黄煮熟备用。
② 将五花肉、基围虾、马蹄、葱、姜剁碎。
③ 将所有原料放入容器中，加调料调味并搅拌均匀。
④ 制作成肉丸，中间加入咸蛋黄。
⑤ 葱、姜炒香，加入高汤调味后下入肉丸。
⑥ 煮熟捞出，放入碗中，加入原汤点缀即可。

注意事项

1. 选新鲜、肥瘦相间的猪肉，口感最佳。
2. 控制加热的时间。

74. 上汤鸡汁螺蛳

操作视频

准备材料

主料： 螺蛳 500 克

辅料： 刀板香 80 克、青杭椒 20 克、红杭椒 20 克、生姜 10 克、野山椒 40 克

调料： 盐 5 克、鸡精 30 克、糖 5 克、鸡汁 20 克、料酒 10 克

制作步骤

①

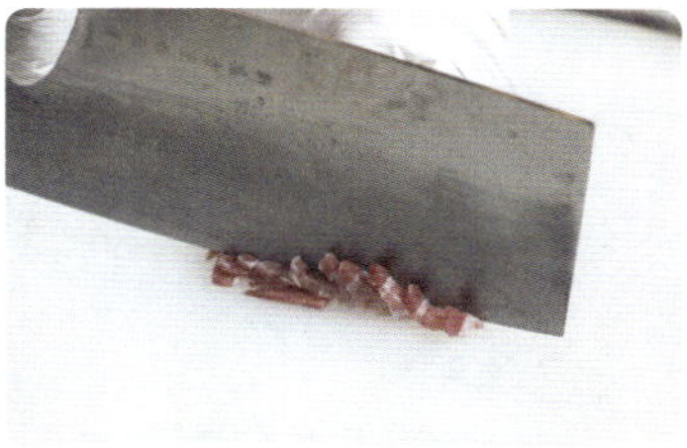

②

③

④

⑤

⑥

① 将螺蛳冲水洗净。

② 将刀板香切成 0.4 厘米方丁，青、红杭椒切成 1 厘米长方节，生姜切成指甲片状，野山椒切成 1 厘米节备用。

③ 锅上火，放油，将刀板香煸香。

④ 放入野山椒稍煸，放入青、红杭椒翻炒，再倒入螺蛳翻炒。

⑤ 放入清汤，加入调料调味烧至入味。

⑥ 出锅装盘即可。

注意事项

1. 螺蛳要清洗干净。

2. 加热时间不宜过长（但需保证煮熟），否则螺蛳肉质会变老。

75. 金牌元宝虾

操作视频

准备材料

主料： 基围虾 400 克
调料： 大红浙醋 40 克、麦芽糖 20 克、白糖 50 克、香醋 30 克、盐 2 克

制作步骤

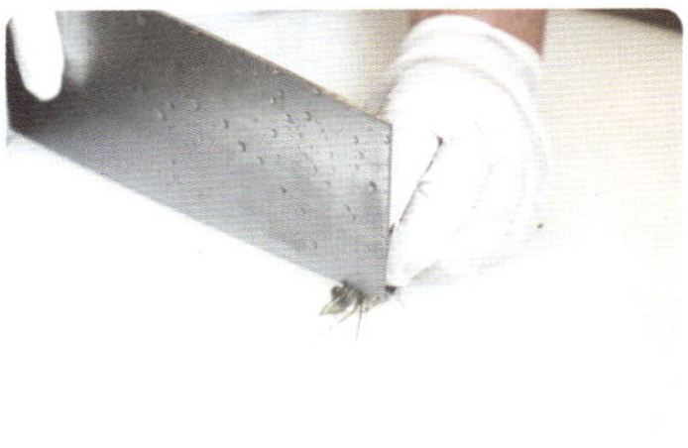
①

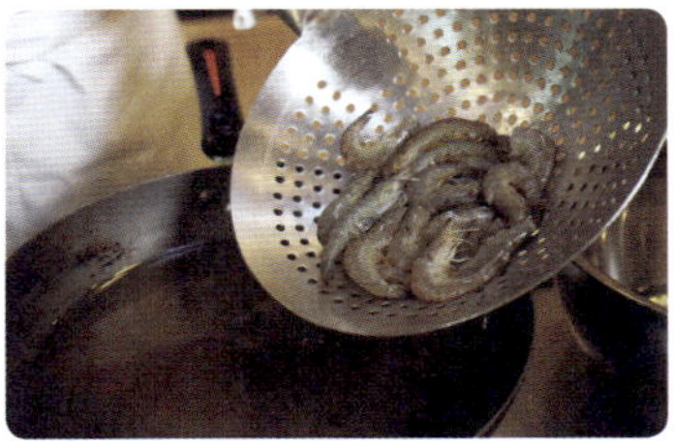
②

③

① 将基围虾初加工，用刀去虾头，从腹部开刀至虾背，深至见虾壳，处理好后用清水多漂洗几次，直至清洗干净。
② 锅下宽油，烧至五成热时倒入虾，炸成外酥里嫩，捞出沥油。
③ 锅留底油，放入调味料，倒入炸好的虾翻炒，出锅装盘。

注意事项

1. 改刀一定要深。
2. 清洗要干净。

76. 酥炸海鲜卷

操作视频

准备材料

主料：长枪鱿鱼 300 克、去皮三层肉 150 克

辅料：马蹄 50 克、胡萝卜 50 克、芹菜 50 克、香菜 30 克、广东春卷皮 10 张、食用花 10 朵、薄荷叶 15 克、鸡蛋 1 个、红豆少许

调料：胡椒粉 10 克、料酒 15 克、麻油 15 克、盐 3 克、味精 4 克、鸡粉 3 克、白糖 3 克

制作步骤

①

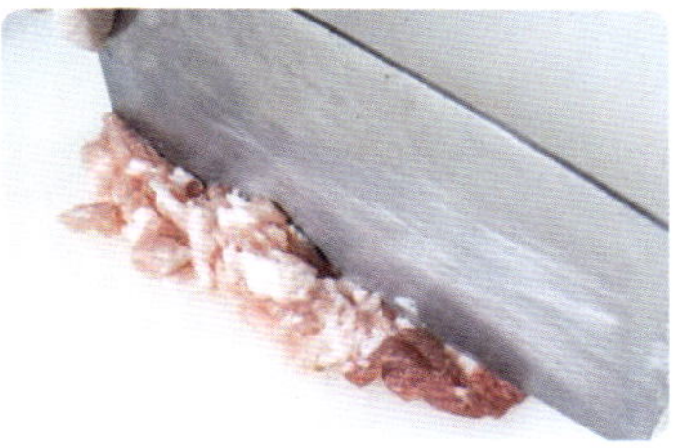

②

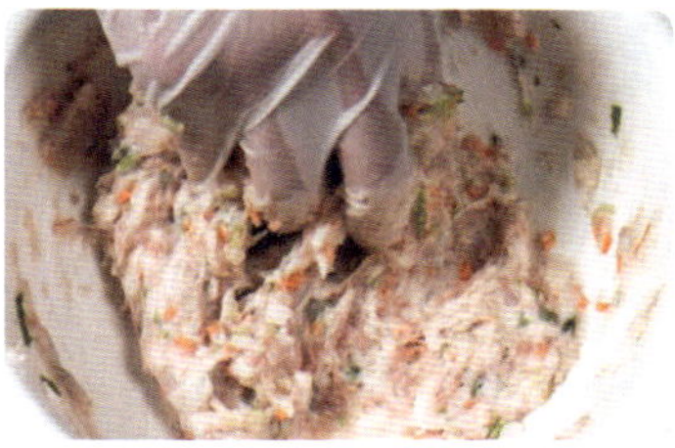

③

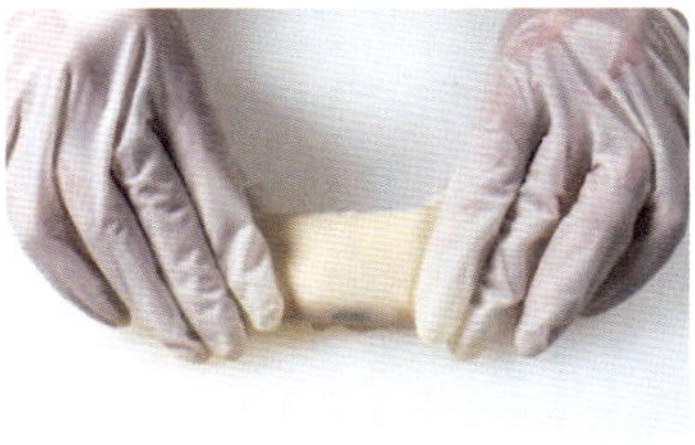

④

⑤

⑥

① 将鱿鱼去皮膜、内脏后洗净，将胡萝卜、马蹄、芹菜和香菜去根蒂与外皮后切成末。

② 将主料改刀为小块后剁成茸，加入调料码味后同一方向打起劲。

③ 主料中加入胡萝卜末等辅料拌匀。

④ 春卷皮铺开，把制作好的馅放置中间包裹对折，用蛋黄液封口。

⑤ 净锅下油烧至四成热，下入春卷炸至金黄酥香，控油出锅。

⑥ 盘子表面铺上装饰红豆，再将春卷整齐摆放，用食用花、薄荷叶装饰即可。

注意事项

1. 制馅时必须同一方向打起劲，增强口感。
2. 掌握油温，不可过高，否则容易变黑。
3. 掌握好制馅的味型。

77. 孔雀牛肉

操作视频

准备材料

主料：牛肉 500 克
辅料：南瓜 1000 克、西蓝花 100 克、葱 20 克、姜 20 克、鸡蛋 20 克
调料：糖 200 克、料酒 20 克、橙汁 30 克、盐 10 克、生粉 500 克

制作步骤

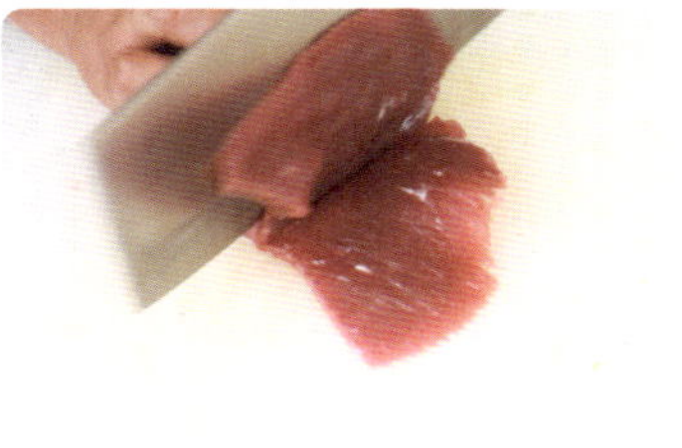
①

②
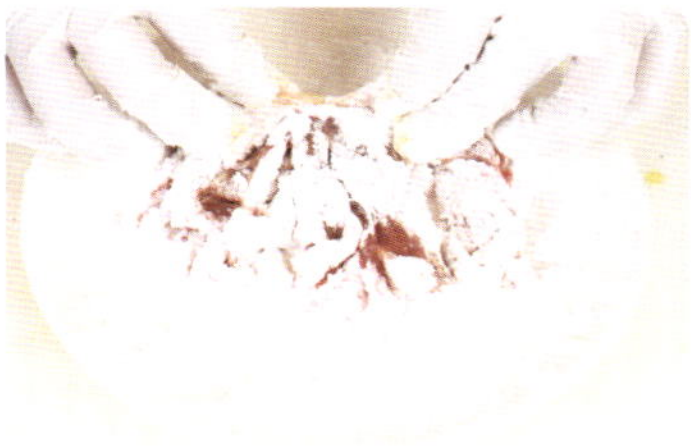
③
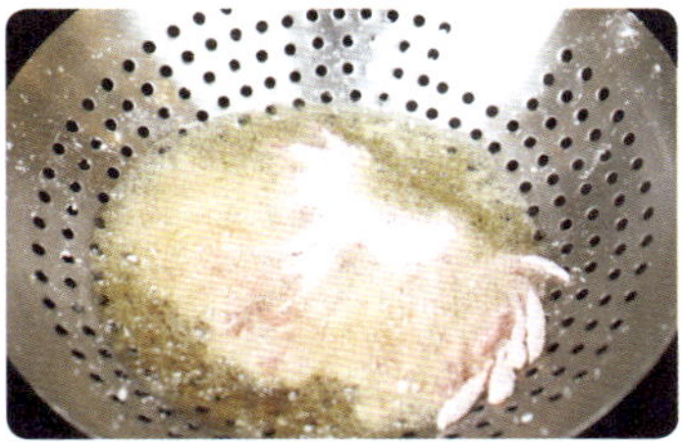
④

⑤

⑥

① 将牛肉切成正方形块放入冰箱压整齐，切成梳子形，西蓝花改刀备用。
② 将南瓜去皮，雕刻成孔雀头。
③ 把切好的牛肉加姜片、葱段、蛋黄、料酒、盐腌制拍粉。
④ 入油锅炸至酥脆，将西蓝花焯水。
⑤ 锅入水，加橙汁，放入糖、生粉勾芡。
⑥ 将炸好的牛肉浇上调好的芡汁即可装盘。

注意事项

1. 控制炸制时的油温。
2. 把握好勾芡的稀稠度。

78. 玉扇银鳕鱼

操作视频

准备材料

主料：银鳕鱼 500 克
辅料：火龙果 20 克、红富士 20 克、黄瓜 20 克、柑橘 30 克、柠檬 1 克、鸡蛋 50 克
调料：盐 10 克、沙拉酱 25 克、面粉 50 克、面包糠 100 克、料酒 5 克

制作步骤

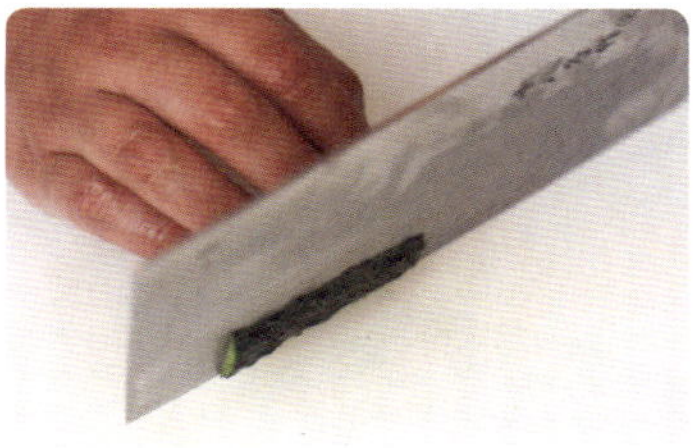
①

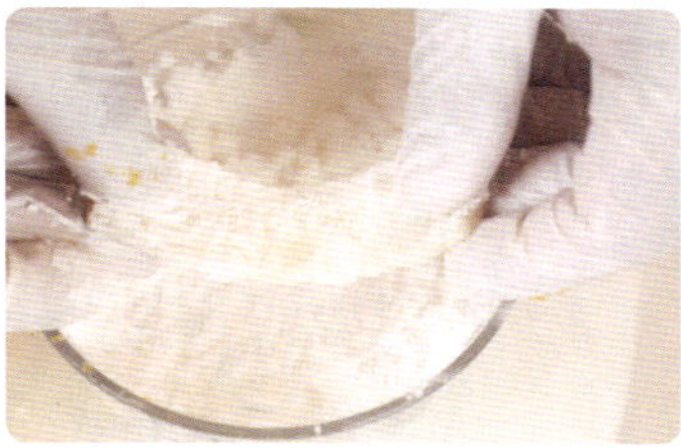
②

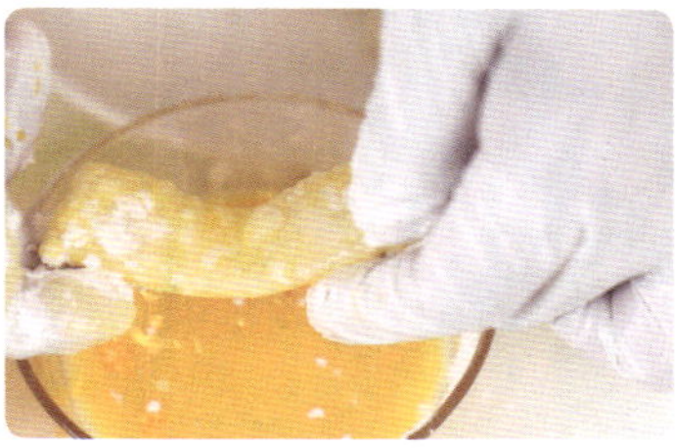
③

④

⑤

⑥

① 将银鳕鱼切片，黄瓜切长方形，水果切粒状。
② 将鳕鱼加盐、料酒腌制后裹面粉。
③ 托蛋液。
④ 裹面包糠。
⑤ 在三成油温中炸至金黄色捞出。
⑥ 将黄瓜、柠檬切片摆成扇形，水果粒拌沙拉酱摆放在扇形底部，放上鳕鱼，挤上沙拉酱。

注意事项

1. 控制鳕鱼炸制的油温。
2. 装盘的形状为扇形。
3. 注意挂糊的顺序。

79. 舌战群芳

操作视频

准备材料

主料： 猪口条 500 克

辅料： 芽菜 100 克、冬笋 50 克、白玉菇 200 克、杏鲍菇 300 克、金瓜（南瓜）100 克、冬瓜 50 克、葱 20 克、姜 5 克

调料： 盐 10 克、白糖 10 克、卤肉汁 20 克、料酒 5 克

制作步骤

①

②

③

④

⑤

⑥

① 将主料加葱、姜、盐、卤肉汁、料酒、白糖调味，卤煮至成熟入味。
② 将金瓜改菱形块。
③ 将冬瓜用雕刻刀修成树叶形。
④ 将其他食材切片。
⑤ 将片状食材均匀码入碗中，加入芽菜，上锅蒸熟。
⑥ 扣入盘中，用冬瓜、金瓜点缀即可。

注意事项

1. 把握卤制味型。
2. 注意菜肴的整体性。

80. 荠菜鸭糊涂

操作视频

准备材料

主料：麻鸭 600 克、荠菜 300 克
辅料：姜 50 克、小葱 50 克
调料：料酒 20 克、盐 5 克、鸡精 5 克、生粉 20 克

制作步骤

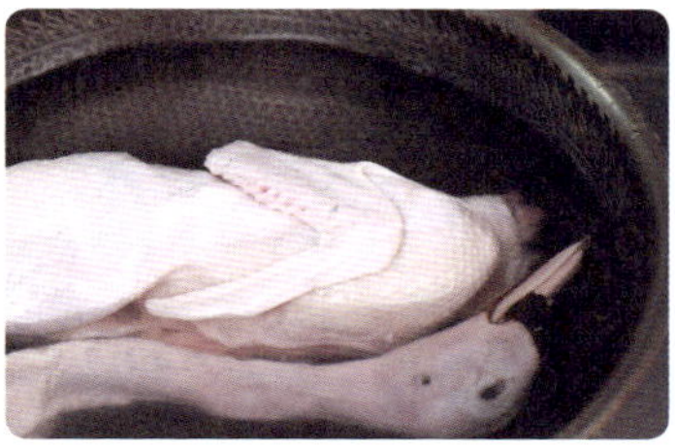
①

②

③

④

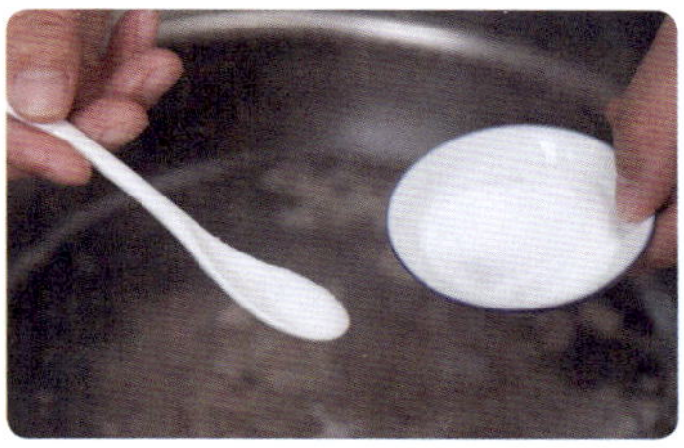
⑤

⑥

① 将麻鸭去头后冲洗干净，放入冷水锅中。
② 加葱、姜、料酒炖至成熟，去皮取肉后切成肉粒，鸭汤待用。
③ 将荠菜焯水后切小段。
④ 锅中加入鸭汤，下入鸭肉烧开。
⑤ 加料酒、盐、鸡精调味后下入荠菜。
⑥ 小火推散，淋入生粉水勾芡、淋明油即可。

注意事项

1. 荠菜焯水捞出后要立刻冲凉，否则会变黄。
2. 麻鸭煮至酥烂脱骨。
3. 荠菜不宜过早放入锅内。

81. 江南一品鱼头皇

操作视频

准备材料

主料：鱼头 1500 克

辅料：河虾 80 克、螺蛳 450 克、大闸蟹 500 克、猪板油 100 克、鸡油 100 克、葱 10 克、姜 10 克、菜心少许

调料：盐 5 克、糖 6 克、鸡汁 6 克、白胡椒粉 10 克、料酒 5 克

制作步骤

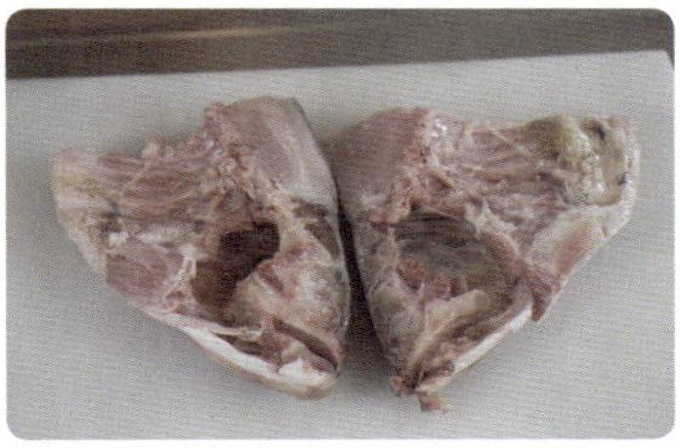

①

②

③

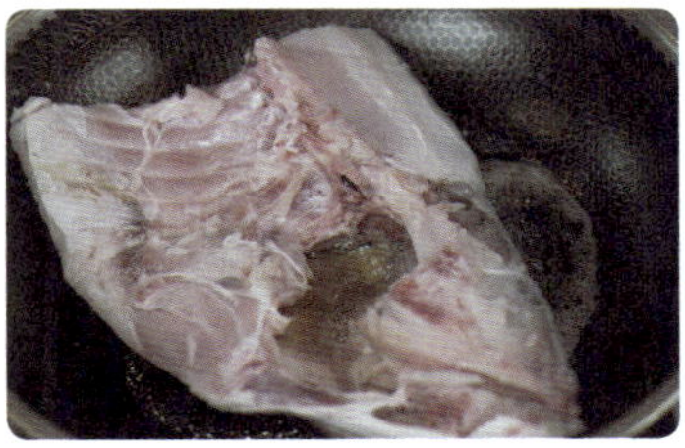

④

⑤

⑥

① 将鱼头初加工，去鱼鳃、鱼鳞、内脏待用。

② 大闸蟹改刀一分为二备用。

③ 姜切片、葱切段备用。

④ 锅中加入适量的猪板油、鸡油，小火熬出油后去掉油渣，再放入鱼头煎至定形待用。

⑤ 另起锅烧油，下入葱、姜，放入螃蟹、河虾、螺蛳，烹入料酒，添清汤调味，与鱼头一起倒入砂锅中。

⑥ 炖至入味，最后放入菜心、葱花即可。

注意事项

1. 煎鱼头时，锅一定要与鱼头大小相符，以免受热不均匀和不成形。

2. 制汤时全程大火煮制。

82. 果香烩大虾

操作视频

准备材料

主料：基围虾 800 克
辅料：紫薯 30 克、猕猴桃 50 克、芒果 80 克
调料：奶酪 20 克、盐 10 克、沙拉酱 200 克

制作步骤

①

②

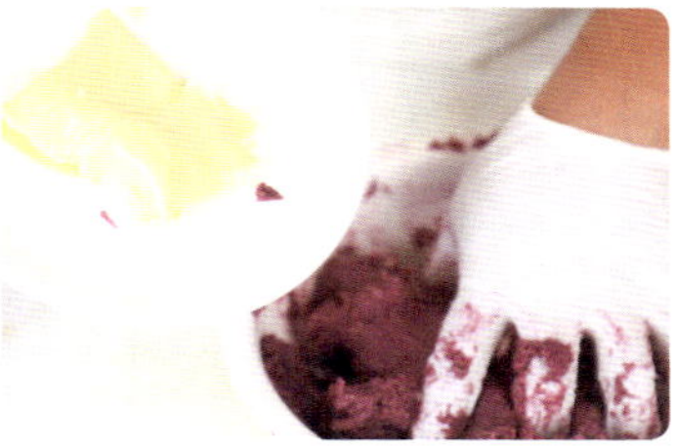
③

④

⑤

⑥

① 将芒果去皮、切丁，猕猴桃去皮、切丁。
② 将基围虾开背、去虾线。
③ 紫薯蒸熟、捣成泥状后加入奶酪拌匀。
④ 基围虾焯水备用。
⑤ 将水果、虾仁放入盘中。
⑥ 加入沙拉酱调味，装入高脚杯中。用裱花袋挤入紫薯泥摆盘即可。

注意事项

1. 注意虾的初加工。
2. 注意食材的搭配。

83. 八宝油条

操作视频

准备材料

主料： 油条 200 克

辅料： 香菇 40 克、青豆 40 克、方腿 40 克、虾仁 30 克、冬笋 40 克

调料： 盐 20 克、鸡精 10 克、胡椒粉 5 克、生粉 20 克、糖 6 克

制作步骤

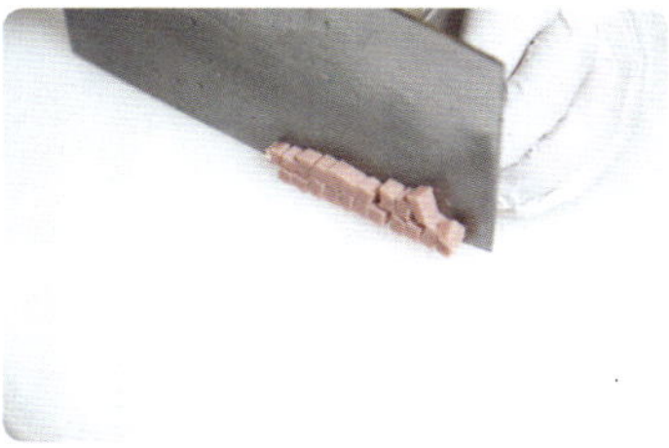

①

②

③

④

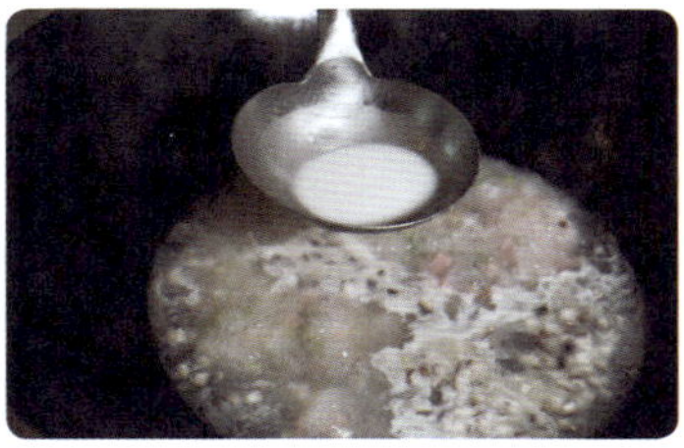

⑤

⑥

① 将方腿、虾仁、冬笋、香菇切成丁状。

② 五成油温将油条炸脆捞出，改成 5 厘米长的段后码入盘中。

③ 所有辅料焯水后捞出。

④ 锅入底油，下入辅料翻炒。

⑤ 加入清汤，调味，勾玻璃芡。

⑥ 明油浇在油条上即可。

注意事项

1. 炸油条的火候要恰到好处，要保证炸脆。
2. 芡汁的厚度把握得当。

酒店流行菜

84. 响油鳝丝

操作视频

准备材料

主料：熟鳝丝 500 克

辅料：韭黄 100 克、蒜 50 克、姜 20 克、小葱 20 克

调料：盐 15 克、白糖 15 克、老抽 10 克、生抽 10 克、白胡椒粉 15 克、料酒 5 克、猪油 10 克、油 5 克

制作步骤

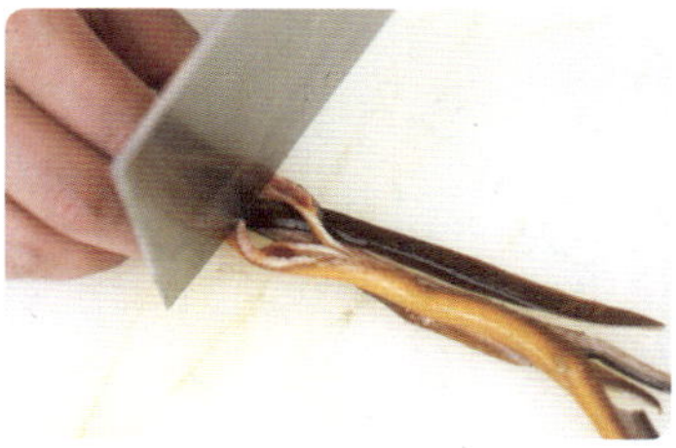

①

②

③

④

⑤

⑥

① 将韭黄切段，熟鳝丝划开切段，葱、蒜切末，姜切丝。

② 锅入底油，下入韭黄翻炒均匀。

③ 调味后盛在盘中垫底。

④ 锅放清水，浇开后，放料酒、下入鳝丝焯水后捞出备用。锅入底油后再加入猪油，下入姜丝炒香。

⑤ 下入鳝丝略炒后添汤。

⑥ 加入料酒、生抽、老抽、白胡椒粉、白糖、盐翻炒均匀，加少量勾芡后盛在韭黄上，中间挖个小坑，放入蒜末、葱花后淋上热油即可。

注意事项

1. 控制好烫杀鳝丝的水温和时间。
2. 把握好勾芡时机。

85. 一品富贵鸡

操作视频

准备材料

主料：清远鸡 1 只（约 1000 克）
辅料：面团 2000 克、蒜 6 克、香菜 20 克、葱 10 克、姜 10 克
调料：盐 5 克、生抽 10 克、盐焗鸡粉 5 克

制作步骤

①

②

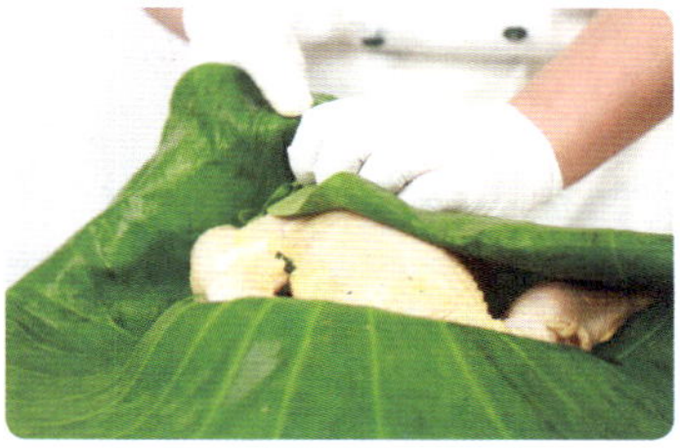
③

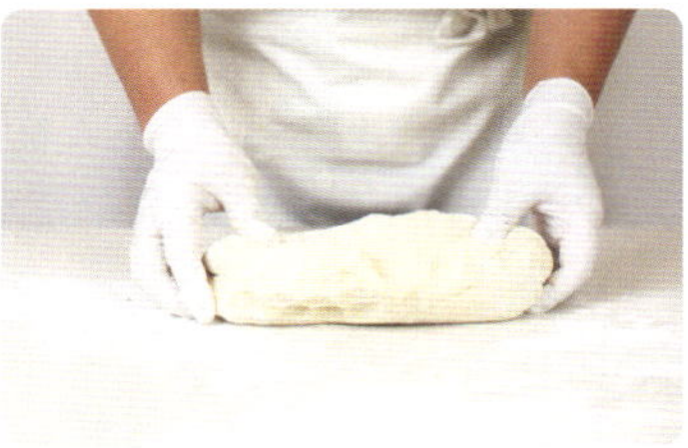
④

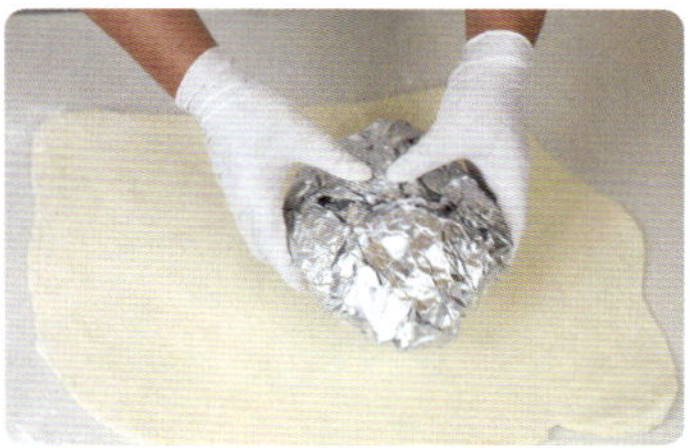
⑤

⑥

① 将姜切片，葱、香菜切段，蒜切片。
② 将姜、葱、香菜和蒜放入碗中，放入调料调味拌匀。
③ 放入鸡后，搅拌均匀，放入荷叶上包裹好后，再外包一层锡纸。
④ 将面团擀成大饼。
⑤ 用面饼将鸡肉包裹好。
⑥ 放入烤箱 180 度上下火烤 2 小时，取出放在新鲜荷叶上即可。

注意事项

1. 根据鸡的品种确定烤的时间长短。
2. 荷叶可以包裹多层，以免鸡骨弄破荷叶。

86. 饼子母油鸭

准备材料

主料： 麻鸭1只约1000g、五花肉250克
辅料： 菜心50克、冬菇10克、鲜笋100克、火腿50克、蛋饺600克、姜5克、葱6克
调料： 盐5克、枸杞20克、母油6克、料酒10克

制作步骤

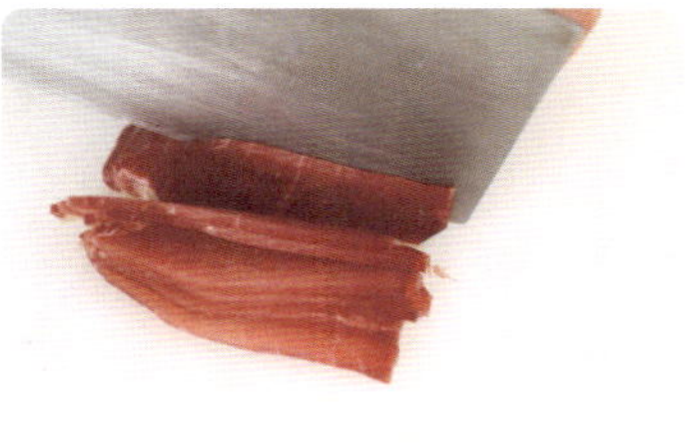
①

②

③

④

⑤

⑥

① 将火腿、鲜笋切片，五花肉剁碎成馅。
② 将鸭肉放入砂锅内加水没过鸭后，再加入火腿、笋片。
③ 加入葱、姜、料酒。
④ 加入母油和冬菇烧开后加盐。
⑤ 待鸭用筷子可以轻轻刺穿后，将肉馅加入料酒、盐搅拌均匀，做成肉丸放入砂锅内，再放入蛋饺。
⑥ 出锅加入菜心，撒上枸杞即可。

注意事项

1. 保证主料酥烂而不失其形。
2. 大火烧开后，用小火慢慢煨，保持汤清、鸭烂。

87. 酒糟肉末蒸阳澄湖大闸蟹

操作视频

准备材料

主料： 阳澄湖大闸蟹 750 克
辅料： 肉末 100 克、酒糟 15 克、小葱 15 克、姜 15 克
调料： 蒸鱼豉油 15 克、盐 5 克、料酒 5 克

制作步骤

①

②

③

④

⑤

⑥

① 将葱、姜切成末。
② 将阳澄湖大闸蟹洗净，改刀成块状备用。
③ 肉末加葱末、姜末、盐、料酒、酒糟调味，搅拌均匀。
④ 将肉末装入盘中成圆圈形状，将蟹肉放在肉馅上，中间放上蟹壳。
⑤ 放入蒸箱蒸 15 分钟。
⑥ 撒葱花，淋热油、蒸鱼豉油即可。

注意事项

1. 选用新鲜的阳澄湖大闸蟹。
2. 做好去腥处理。

88. 香菇笋丁时令珍珠青团

操作视频

准备材料

主料： 糯米粉 250 克、浆麦汁 125 克

辅料： 前夹肉末 150 克、香菇 20 克、笋 50 克、糯米 100 克、葱 10 克、姜 10 克

调料： 生抽 10 克、老抽 5 克、胡椒粉 5 克、白糖 10 克、香油 15 克

制作步骤

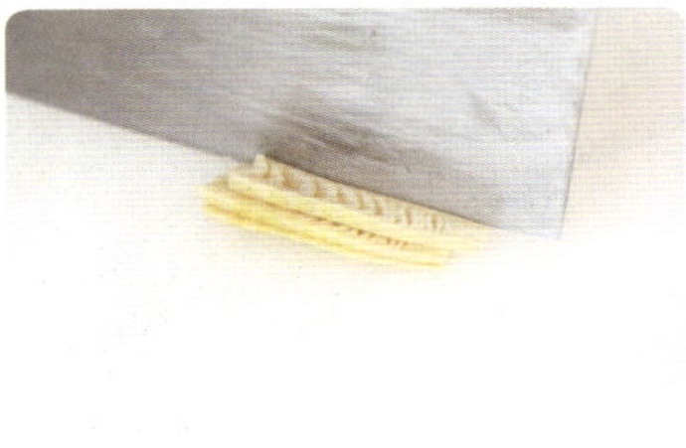

①

②

③

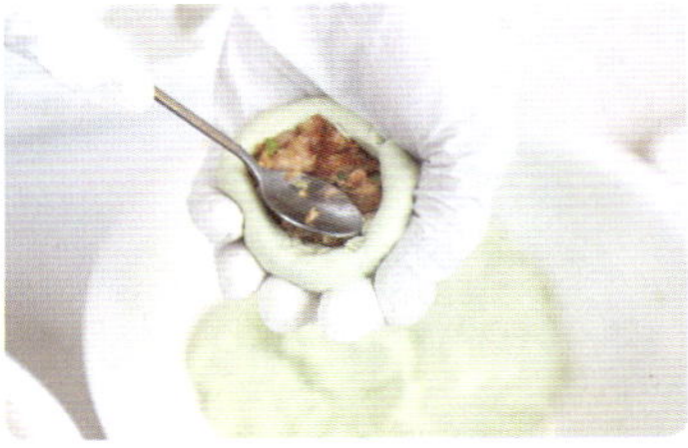

④

⑤

⑥

① 将冬笋、香菇切丁，葱、姜切末。

② 前夹肉末中加入葱、姜、香菇丁、笋丁，再加入调料拌匀待用。

③ 将糯米粉加入浆麦汁调和成面团。

④ 填入肉馅。

⑤ 裹上泡发好的糯米。

⑥ 上锅蒸熟即可。

注意事项

1. 把握好糯米粉与浆麦汁的调和比例。
2. 把握好肉馅的调制比例。

89. 煠紫盖

操作视频

准备材料

主料：五花肉 500 克
辅料：面粉 250 克、咸蛋黄 100 克、泡打粉 3 克、鸡蛋 100 克
调料：黄酒 50 克、淀粉 50 克、八角 10 克、桂皮 15 克、香叶 5 克、小葱 100 克、姜片 25 克、老抽 15 克、生抽 20 克、白砂糖 10 克、盐 100 克

制作步骤

①
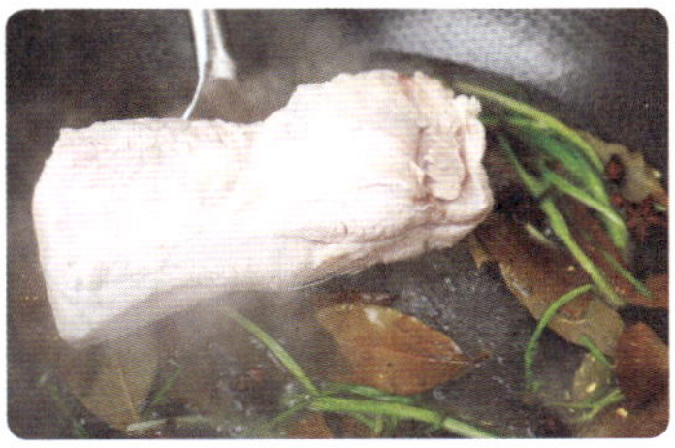
②

③

④
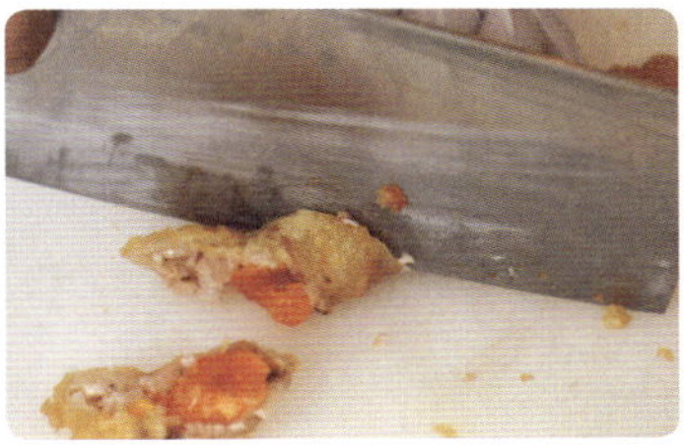
⑤

⑥

① 将五花肉焯水，起锅烧油，放入葱、姜和所有香料炒香后加入清水。
② 放入五花肉后加入老抽、生抽、盐、白砂糖、黄酒调味，烧沸后转小火焖煮 3 小时。
③ 将面粉、淀粉、鸡蛋调制成面糊待用，将五花肉（制作熟的五花肉）切成厚条状后卷上咸蛋黄条，卷成圆柱形。
④ 起锅入油，在油温六成热时将五花肉裹面糊后分次投入，炸至定形后捞出复炸，复炸油温六成热即可。
⑤ 斜刀切厚片。
⑥ 码盘即可。

注意事项

1. 焖肉制作时间至少 3 小时，一般提前一天制作好。
2. 煤紫盖做好后要及时入油锅炸，这样能保持食材的新鲜及脆酥的口感。

90. 雪花蟹斗

操作视频

准备材料

主料： 河蟹 900 克
辅料： 鸡蛋 250 克、火腿 200 克、姜茸 10 克
调料： 胡椒粉 5 克、料酒 5 克、盐 1 克、鸡精 2 克

制作步骤

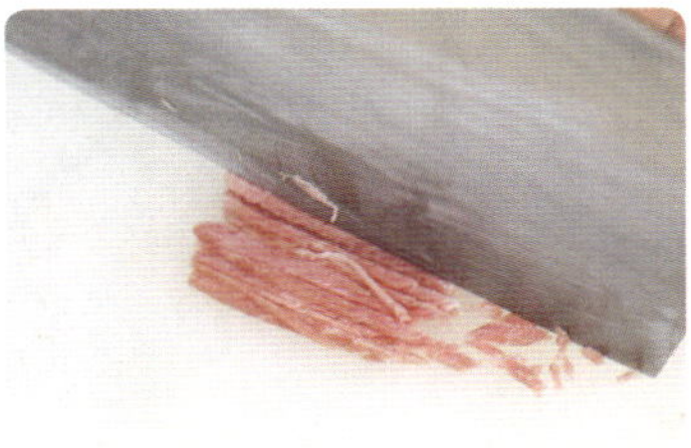
①

②

③

④

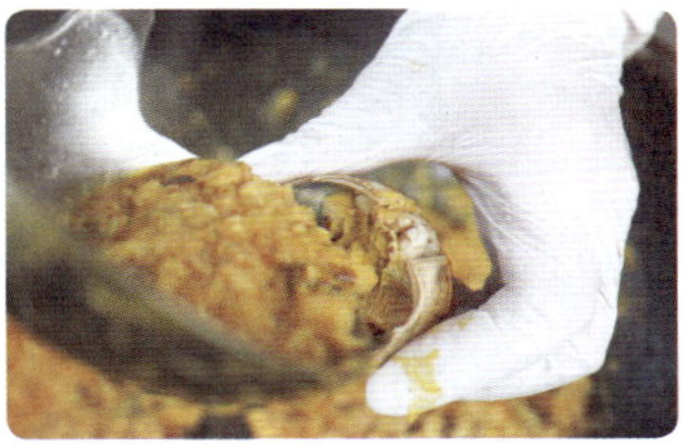
⑤

⑥

① 将鸡蛋清打入碗中，火腿切末，河蟹蒸熟后取蟹黄。
② 蛋清打发后搓成球状，放入盘中蒸熟。
③ 锅中放油，放入姜茸炒香，再放入蟹黄炒香。
④ 加入清汤，加盐、胡椒粉等调料炒香炒熟后勾芡。
⑤ 将蟹黄酿入蟹壳内。
⑥ 上面码入蒸好的蛋泡糊，淋上用盐和胡椒粉勾芡后的白汁，放入火腿片即可。

注意事项

1. 把控河蟹的蒸制时间。
2. 制作蛋泡糊时中途不能停顿。

91. 沈万三肘子

操作视频

准备材料

主料： 肘子 500 克

辅料： 菜心 500 克、丁香 5 克、香果 8 克、八角 10 克、良姜 10 克、草果 5 克、桂皮 5 克、小茴香 10 克、香叶 10 克、葱 20 克、姜 20 克

调料： 盐 5 克、胡椒粉 5 克、淀粉 10 克、糖 20 克、料酒 5 克、蚝油 10 克、老抽 5 克、麦芽糖 20 克、红曲粉 10 克

制作步骤

①

②

③

④

⑤

⑥

① 将姜切片，菜心修整后焯水备用。

② 肘子加葱、姜、料酒焯水备用。

③ 锅入油，下入香料炒香。

④ 将炒香的香料倒入卤汤中，加入调料调味调色。

⑤ 下入肘子卤熟。

⑥ 将肘子放入盘中，将剩余卤汁勾芡后淋在肘子上，菜心围边即可。

注意事项

1. 选用新鲜的肘子。

2. 上色不宜过重。

92. 碧螺春虾仁

操作视频

准备材料

主料： 虾仁 500 克
辅料： 茶叶 5 克、葱 6 克、姜 5 克、鸡蛋 50 克
调料： 盐 3 克、糖 5 克、淀粉 5 克、胡椒粉 10 克

制作步骤

①

②

③

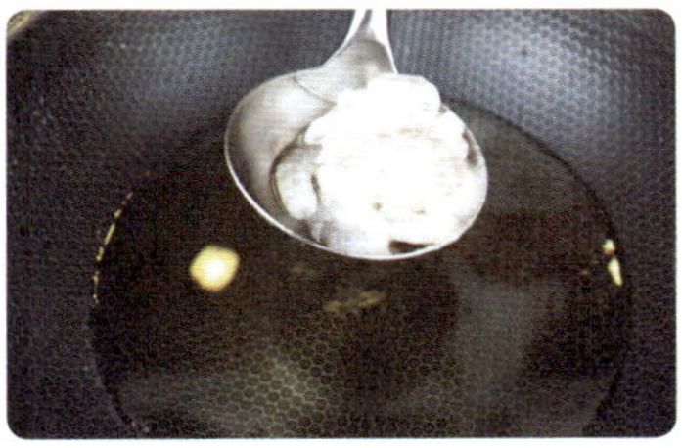
④

⑤

⑥

① 将葱、姜切丝泡水，茶叶倒入杯子中，用开水泡好。
② 虾仁挤干水分，加盐、糖、胡椒粉和葱姜水抓匀。
③ 取蛋清、淀粉拌匀，加入虾仁拌匀。
④ 锅下宽油，烧热后下入虾仁过油。
⑤ 锅中加茶水，调味勾芡后下入虾仁翻炒均匀。
⑥ 出锅装盘，点缀泡好的茶叶即可。

注意事项

1. 把握好虾仁的上浆手法。
2. 泡茶叶的水以 80 度为宜。

93. 过桥鱼片

操作视频

准备材料

主料： 黑鱼 1250 克
辅料： 茶馓 200 克、白芝麻 10 克、葱 20 克、姜 20 克
调料： 盐 8 克、白胡椒粉 15 克、料酒 6 克

制作步骤

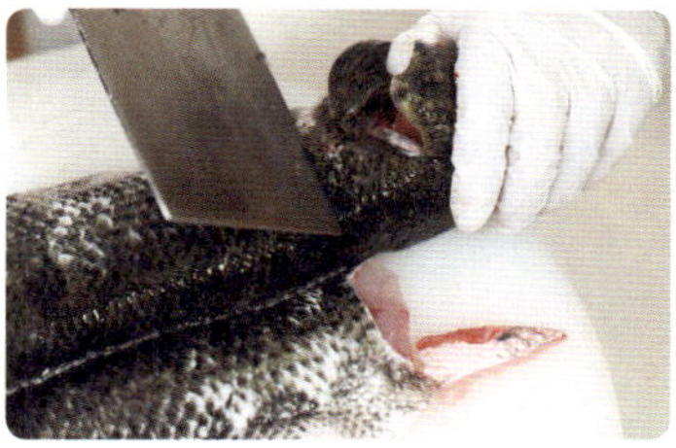

①

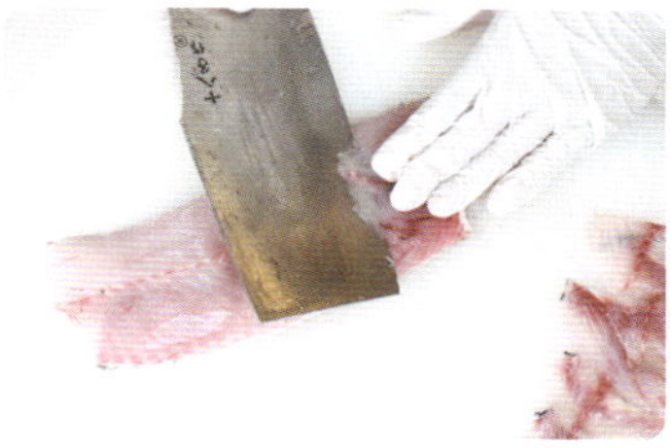

②

③

④

⑤

⑥

① 将鱼宰杀取净肉。
② 将鱼肉切成蝴蝶片。
③ 将鱼骨剁大块。
④ 锅入油后下入葱、姜、鱼骨，煎至金黄后添汤，加入盐、胡椒粉和料酒，大火烧至奶白色，保持沸腾，熬制高汤。
⑤ 将鱼片码在茶馓上。
⑥ 将高汤装入茶壶中均匀淋在鱼片上使其成熟，撒上白芝麻即可。

注意事项

1. 鱼片改刀时一定要薄。
2. 把握制作白汤的火候。

94. 松鼠鳜鱼

操作视频

准备材料

主料： 鳜鱼 1800 克
辅料： 虾仁 50 克、玉米粒 20 克、青豆 20 克、小葱 20 克、姜 20 克、鸡蛋 2 个
调料： 生粉 150 克、盐 5 克、白糖 200 克、番茄酱 100 克、白醋 50 克

制作步骤

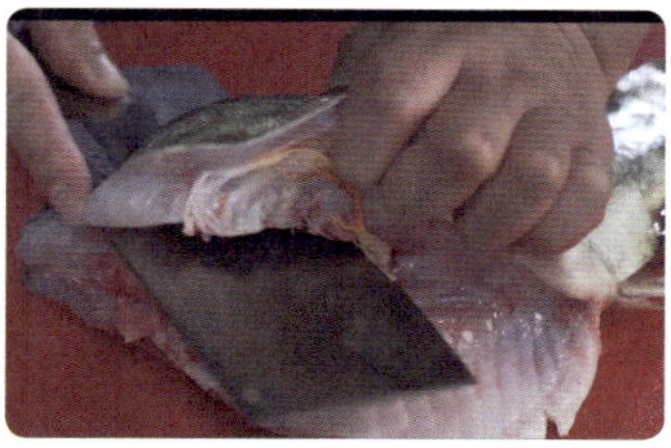
①

②

③
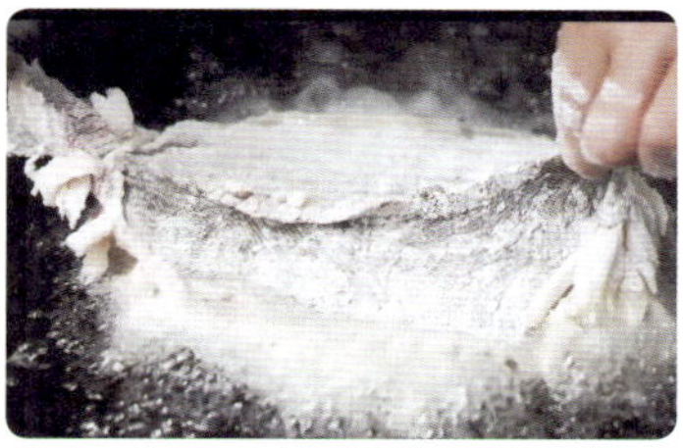
④
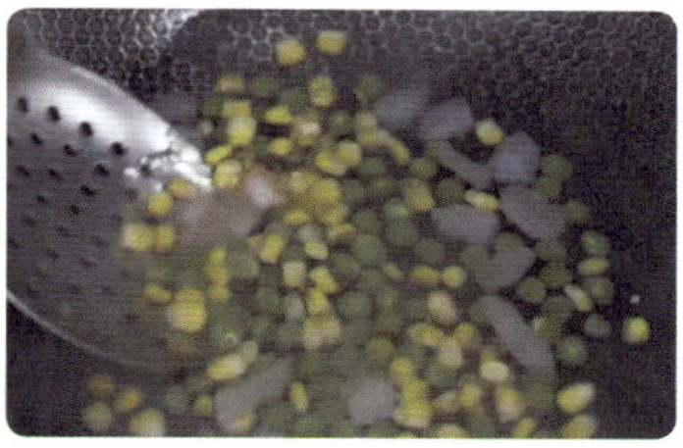
⑤

⑥

① 将鳜鱼宰杀初加工，去头、去龙骨、去胸刺，保证尾部相连待用。
② 将鳜鱼打上松鼠花刀，加盐、葱、姜、鸡蛋黄腌制。
③ 鳜鱼头部先拍粉，然后在五六成热的油温中炸至成熟捞出待用。
④ 鳜鱼身拍粉塑好造型，下入油锅中炸至定形捞出，再复炸成熟后即可捞起待用。
⑤ 将青豆、玉米粒、虾仁焯水。
⑥ 锅中加调好味的番茄酱，勾芡，浇在鳜鱼上，撒上玉米粒、青豆和虾仁即可。

注意事项

1. 把控炸制鳜鱼的手法。
2. 掌握酱汁的味型。
3. 鳜鱼拍粉后不宜放时间过长，否则淀粉受潮后容易使刀纹连在一起，影响形状。

95. 扬州老鹅煲

操作视频

准备材料

主料：盐水老鹅 1500 克（盐水老鹅）
辅料：党参 10 克、香菇 10 克、虫草花 10 克、姬松茸 10 克、枸杞 15 克、葱 15 克、姜 15 克
调料：盐 5 克、白胡椒粉 5 克、白糖 6 克、鸡粉 10 克、鸡汁 6 克、料酒 5 克

制作步骤

①

②

③

④

⑤

⑥

① 将老鹅卤熟后切成条状备用。
② 准备一个砂锅，下入底油烧热，下入葱、姜慢火炒香。
③ 加入鹅肉，淋入料酒，放入党参、姬松茸，加入高汤。放入白胡椒粉、盐、糖、鸡粉、鸡汁、香菇和虫草花调味，文火慢炖，撇去浮沫，大约炖 1.5 小时。
④ 用准备好的筷子拣出汤锅中的葱段和姜片。
⑤ 再用文火慢炖半个小时后放入枸杞。
⑥ 撒上葱花即可成菜。

注意事项

1. 注意改刀形状大小要一致。
2. 控制火候。

96. 金陵双臭

准备材料

主料：臭豆腐 250 克、肥肠 200 克
辅料：葱 30 克、姜 20 克、干辣椒 5 克、八角 2 克、桂皮 2 克、香叶 2 克、白芷 2 克、白蔻 2 克
调料：盐 6 克、糖 5 克、鸡精 3 克、生抽 20 克、老抽 20 克、料酒 15 克、白芝麻少许

制作步骤

①

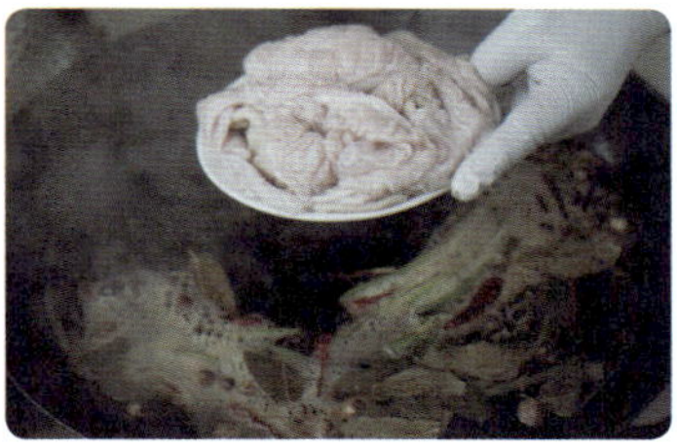
②

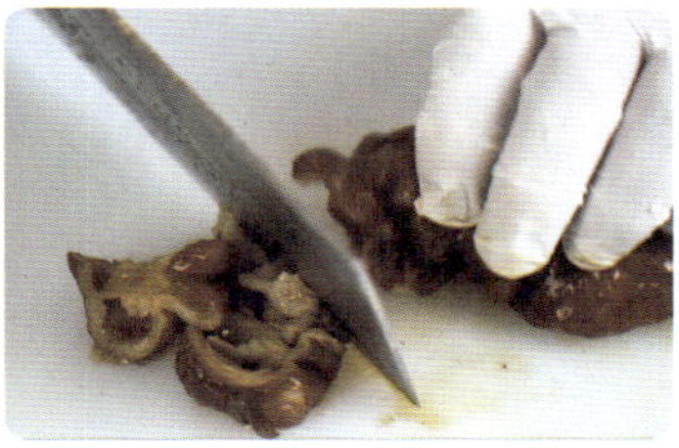
③

④

⑤

⑥

① 锅下底油，放葱、姜和所有香料炒香，加入清水，加鸡精、白糖、盐等调味制成卤水。
② 将加工洗净好的肥肠放入卤水中，煮熟待用。
③ 将肥肠改刀成段状。
④ 准备一个砂锅，垫入豆腐，再下入肥肠。
⑤ 锅下油，将葱、姜、干辣椒调味做成辣椒油，放入煲仔内用小火慢慢烧开至入味。
⑥ 最后撒上白芝麻、葱花段增香即可成菜。

注意事项

1. 肥肠要清洗干净。
2. 辣椒油制作时需把控好火候。

97. 清蒸鲥鱼

操作视频

准备材料

主料： 鲥鱼 1000 克
辅料： 火腿 50 克、香菇 50 克、冬笋 100 克、生姜 30 克、小葱 20 克
调料： 盐 20 克、蒸鱼豉油 40 克、猪油 30 克、料酒 10 克、糖 10 克

制作步骤

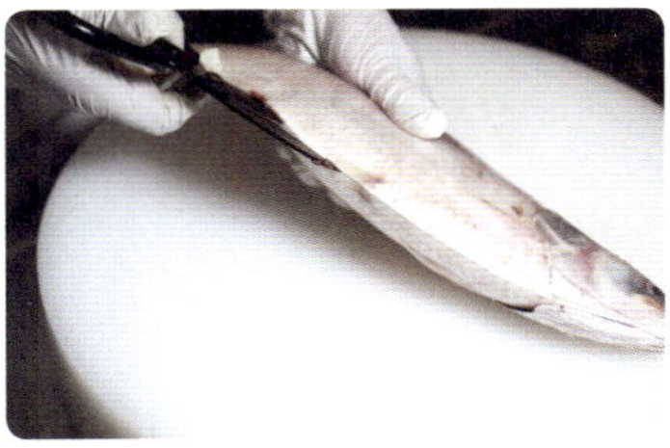

①

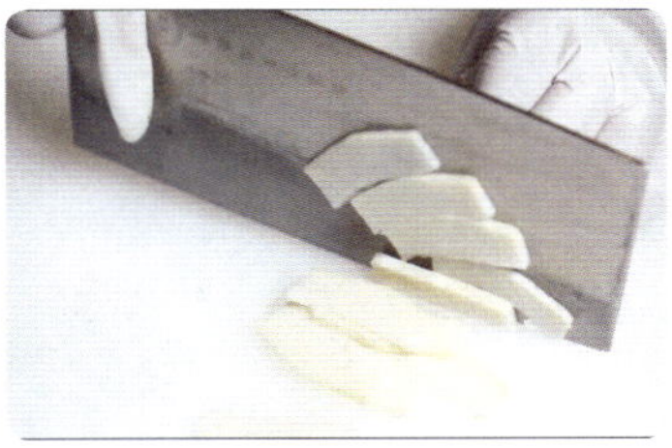

②

③

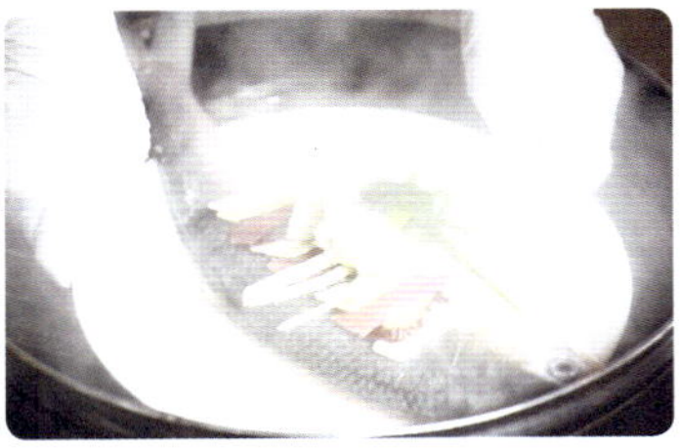

④

⑤

⑥

① 将鲥鱼初加工开膛去内脏、去鳃后码味待用。
② 生姜切片，小葱打成结，火腿、香菇、冬笋切片。
③ 依次将切好的辅料摆在鱼身上。
④ 放上猪油、料酒后放入蒸箱蒸 15 分钟。
⑤ 倒出原汁，拿掉葱、姜，倒入蒸鱼豉油。
⑥ 放葱段，淋入热油即可。

注意事项

鱼鳞不能去掉。

98. 太湖三白

操作视频

准备材料

主料：白鱼 500 克、白虾 100 克、银鱼 100 克
辅料：发菜 100 克、青椒 100 克、红椒 100 克、小葱 10 克、姜 10 克
调料：料酒 10 克、盐 10 克、蒸鱼豉油 20 克

制作步骤

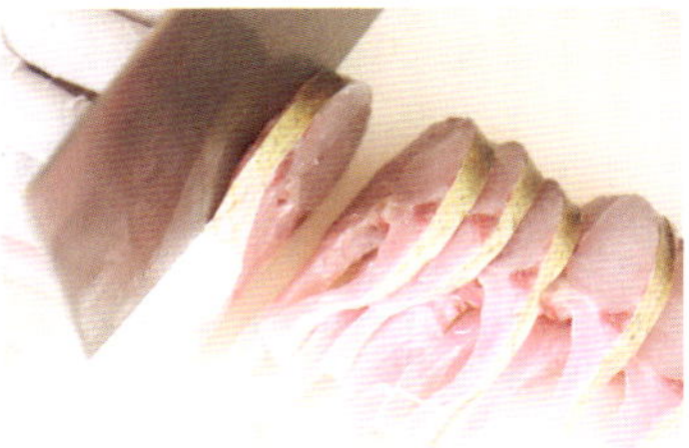
①

②

③

④

⑤

⑥

① 将白鱼宰杀初加工整理好，切厚片，上锅蒸熟。
② 锅下宽水，加料酒、盐，放入白虾焯水煮熟。
③ 银鱼焯水煮熟。
④ 银鱼码盘。
⑤ 白虾码盘，撒上葱、姜丝和青、红椒丝。
⑥ 淋上蒸鱼豉油即可。

注意事项

1. 注意原料的初加工。
2. 把控蒸制时间。

99. 菊花鱼

操作视频

准备材料

主料： 草鱼 1500 克
辅料： 淀粉 110 克、吉士粉 10 克、姜 10 克、葱 10 克
调料： 白醋 110 克、盐 10 克、糖 110 克、番茄酱 210 克

制作步骤

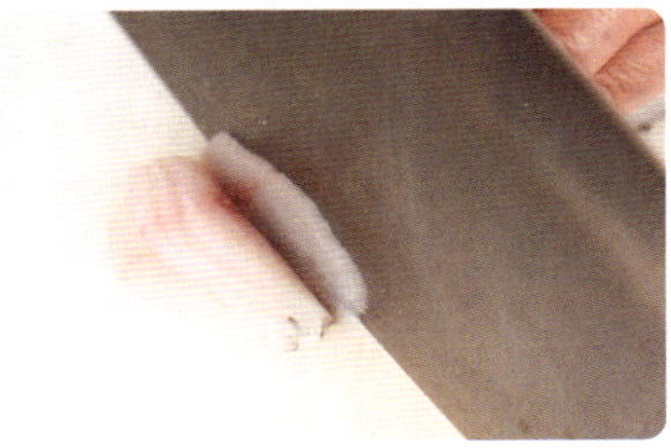
①

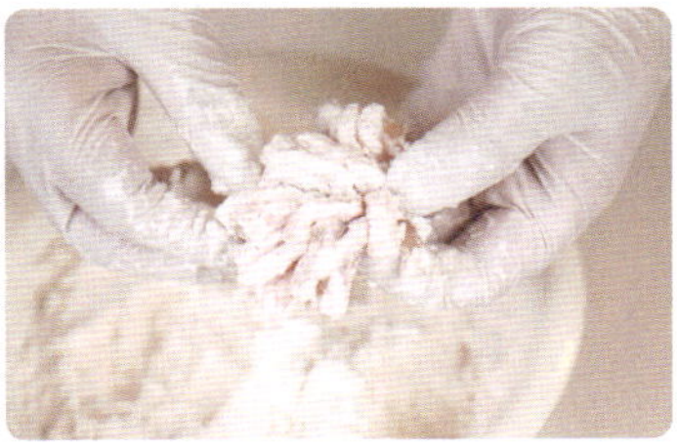
②

③

④

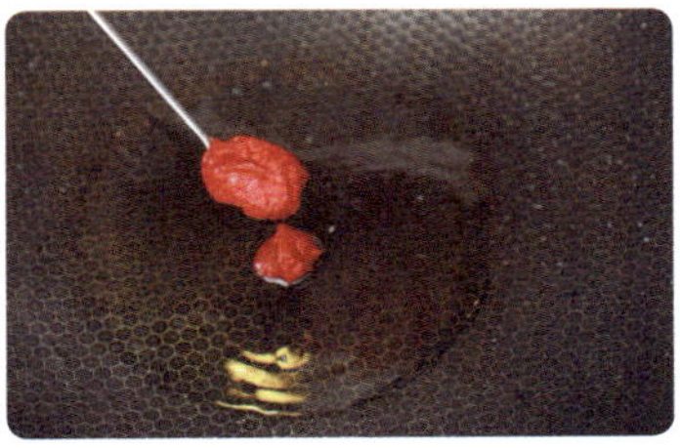
⑤

⑥

① 将草鱼初加工洗净，取净鱼肉打上菊花刀后加葱、姜腌制。
② 将鱼肉裹上吉士粉和淀粉拌匀。
③ 锅内下入宽油，烧至五成热时下入鱼肉，抖散开，炸至定形，复炸后捞出控油。
④ 装盘。
⑤ 下底油，熬制番茄汁。
⑥ 浇上加盐、白糖、白醋调制好的番茄汁即可。

注意事项

1. 花刀的处理要均匀。
2. 要现拍粉现炸制。

100. 阳澄湖双色虾

操作视频

准备材料

主料： 大河虾 150 克、河虾仁 100 克
辅料： 姜 10 克、葱 10 克
调料： 盐 5 克、生抽 5 克、老抽 5 克、料酒 10 克、糖 15 克、胡椒粉 2 克

制作步骤

①

②

③

④

⑤

⑥

① 姜、葱切末，河虾剪掉虾须、虾脚。
② 河虾放入五成油温的锅中炸制，河虾仁在三成油温中滑油。
③ 锅入底油，下入葱姜末炒香，调色调味后烹入料酒。
④ 下入河虾翻炒均匀。
⑤ 另起锅入底油，下入葱姜末炒香，下入河虾仁后调味，翻炒均匀。
⑥ 将主料码入盘中即可。

注意事项

1. 控制油温。
2. 掌握酱汁的调制比例。